美植·美家

学做家庭植物微景观

[日] 早坂 诚 | 中山 茜·著

李玲·译

中国农业出版社
·北京·

序言

水族瓶　Aquarium
“水、绿植及鱼”的治愈三重奏

之前我养过小鱼，无意间随意地就在水缸中种植了些水草。一周之后我看了下水缸，或许是心理因素，水草貌似长大了些，且经阳光一照，叶子上竟产生了泡泡。我想这说不定就是光合作用（见第7页）在产生氧气吧？！于是我就想植入更多水草看看，嘿！这次连鱼的情况也改善了，水也比之前更清透，这是因为水草把水槽内的脏东西当营养物质吸收了，从而提高了氧气浓度。而且，没有什么比“水、绿植及鱼”更让人心情愉悦的了。要做个比喻的话，这正是“治愈三重奏”啊。

这就是我跟水草的邂逅。之后我开始在水族店工作，在管理店铺之余，看到店铺一角水族箱中植物生长的样子，我深受感动。于是，我开始一边培植水草，一边探寻专业书籍，渐渐地越来越喜欢水草。在这本书里，我将用色彩丰富、形状多样的水草，介绍多种水族瓶的制作方法。

从仅栽植一株水草的室内观赏，到让人联想到插花艺术的大型景观的水草布景，再到具有日式风格的侘寂（chà jì，侘寂是日本美学意识中的一个词汇，一般指的是朴素又安静的事物）美学品味的水族馆，风格多样，变化多端。成品不仅漂亮，且操作简单，宜长久保持。栽植完，便可欣赏水草生长的样子及水景的多重变换。

早坂 诚

水族瓶造景师

早坂 诚

水草专家，新一代水族馆业界的先驱人物。在东京市区经营一家水族店，同时又在专科学校担任讲师。在那里发觉水草的美妙与不可思议，于是开始积累水草栽培与造景经验并自立门户。在NHK播出的电视剧《海女》里，出现的海女咖啡馆中的水族箱便出自他手。自此，他便开始担任多个电视节目及展品所用水草作品的造景工作。

瓶碗栽培 Terrarium
与“庭院式盆景”中植物的相处乐趣

在小学手工课上曾经有过这样一个作业:“在一个空箱子里边创造一个小世界。”我当时是以博物馆为主题，将自己的绘画或做的东西随意搭配，创造一个只属于自己的小空间，我沉浸其中，至今仍记忆犹新。对我来说，或许瓶碗栽培就与制作“庭院式盆景”的感觉相近吧。

运用植物，将充满变化的只属于自己的世界作为室内装饰置于自己身边吧！就像在日常生活中猛然注意到，那些有趣漂亮的小摆件，与不同颜色、质感的多肉植物或是矿物、化石等，都是自然界经时间沉淀塑造出来的各式各样的形状姿态。把它们收集在精巧洁质的玻璃空间，放置身旁，体味其中百态并期盼它们生长变化，这不就是室内装饰与园艺融合的新形式嘛！当然因为是“有生命”的室内装饰，所以生活中还要有时间照看它们，保持“恰到好处的距离感”非常重要。

多肉植物能够耐一定程度的干旱，瓶碗栽培的话，大部分一个月浇水一两次即可。盆景保持长久漂亮的秘诀是光照和通风。把它们放在不同的地方，欣赏之余，可以多加观察植物的生长状态。植物是有生命的，是会枯萎的，通过玻璃瓶造景，会有一种与植物的距离感，会让你对它更怜惜。

中山 茜

瓶碗栽培造景师

中山 茜

玻璃造景（瓶碗栽培）作家。2013年在名古屋成立了公司，打造了自己的瓶碗栽培品牌。有感于国外作家的玻璃造景作品，开始制作原创的玻璃容器，自此开始走向世界。原本就喜欢植物和矿物之类的，在创作玻璃造景作品过程中又发现了与矿物和化石相搭配的多肉植物和空气草，于是开始真正研究瓶碗栽培。以东京和名古屋为根据地，以个展及学习研讨会为中心开展活动。

学做家庭植物微景观

水族瓶 & 瓶碗栽培

目录

序言 002

第一篇　让我们来栽培水族瓶中的大主角——水草吧 006

第一章　水族瓶　简单漂亮的水草单株扦插 010

第二章　水族瓶　华丽荷兰式水族瓶 020

第三章　水族瓶　侘寂感水族瓶 029

第四章　水族瓶　挑战自己的原创 037

第五章　水族瓶　水陆两相宜的水族瓶 046

第六章　水族瓶　水草与动物的合作 054

第七章　水族瓶　重新创作与再调整 062

第八章　水族瓶　通过礼物传达心意 070

第二篇 通过瓶碗栽培建立与植物的新关系 076

第一章 | 瓶碗栽培 激发好奇心的特别空间 081

第二章 | 瓶碗栽培 知性气质的上品造景自然物的造型美~ 090

第三章 | 瓶碗栽培 借助瓶碗栽培畅游文字世界 098

第四章 | 瓶碗栽培 多面体、更时尚! 107

第五章 | 瓶碗栽培 赏味浮游感的瓶碗栽培——空气草 112

第六章 | 瓶碗栽培 让我们窥探一番“拥有瓶碗栽培的生活”吧 118

第七章 | 瓶碗栽培 重新创作与再调整 124

第八章 | 瓶碗栽培 通过礼物传达心意 130

附录 82款漂亮的水草图鉴 136

多肉植物与空气草图鉴 149

Aquarium

讲师：早坂 诚

第一篇 让我们来栽培水族瓶中的大主角——水草吧

水草专家，早坂诚先生。

手拿镊子或剪刀，倾听水草的心声，不断探索水中植物的美。

这次推荐的均为初学者能够轻松掌握的水草。

为什么水草的小小叶片上，会附着大量起泡?

其实这叫做“光合作用”，证明水草在茁壮成长。

水草在接受光照或换水时，会大量产生这种气泡。从太阳光和新鲜的水中获得养分的植物，会吐出气泡（氧气）作为回馈。在大型水族箱栽培大量水草时，为了促进水草生长，需要人工补充光线并添加二氧化碳，而在此介绍的水族瓶，仅靠自然力量就足以生长。

把水族瓶放在明亮的房间里，勤换水，然后尽情享受拥有水草的生活吧。

水族瓶所需材料及工具

肥料

缓释型固体肥料。请务必仔细阅读说明书之后再使用。

玻璃容器

玻璃容器有很多种款式，可以结合自己的作品及喜好来选择。如想在里边放鱼，可选大一点的容器。

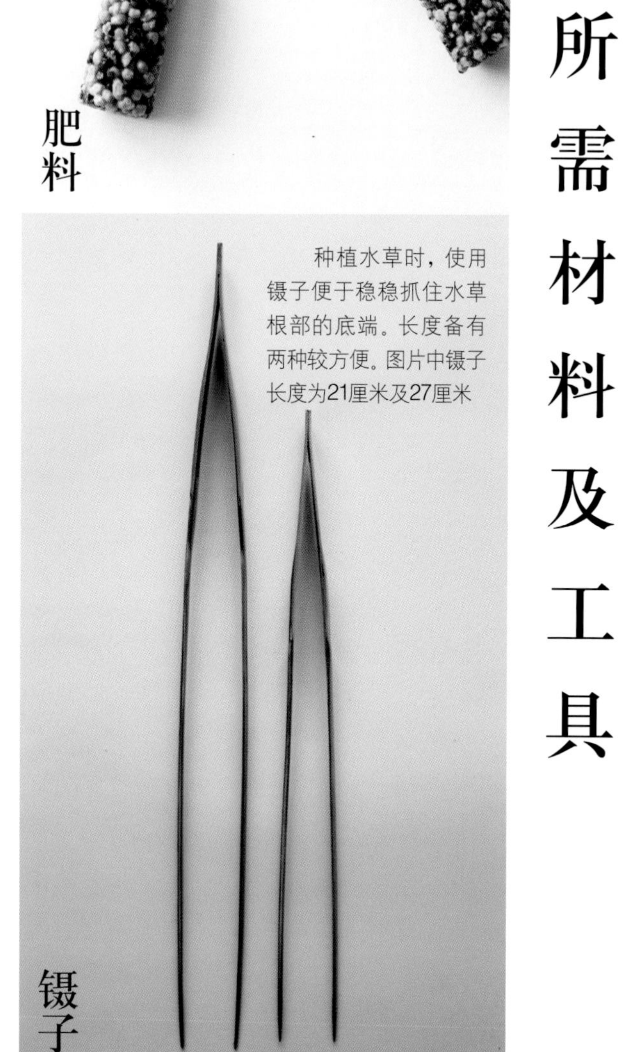

镊子

种植水草时，使用镊子便于稳稳抓住水草根部的底端。长度备有两种较方便。图片中镊子长度为21厘米及27厘米

水草

整体或部分生长于水中的草本植物称为水草。水草千姿百态，有高有矮，生长有快有慢，也有浮游于水中的水草等。

制作水景不同，材料也会有些不一样。

在水草中加入漂流木或石头、小生物等，便可开启一个新世界。

玻璃珠

小小玻璃珠凉爽轻巧，颜色缤纷多彩，粒径3~5毫米的玻璃珠非常好用。

小工具

从右向左依次为：用来平整底床的工具笔、用来打扫容器的牙刷、三聚氰胺海绵，以及用来修剪水草的剪刀。

天然沙

我们把水草种植中不可或缺的底沙统称为底床。图中的是细粒天然沙。很适宜养水草，给人一种天然感，需要淘洗后再使用。

基质土

用土低温烧制而成，水族箱的典型底床。可易于水草扎根，含肥料成分。不用洗便可直接使用。

第　一　章

简单漂亮的水草
单株扦插

清爽的水草单株扦插。

利用玻璃珠打造缤纷色彩，变身亮眼明星装点室内。用手头的玻璃杯即可轻轻松松地开始制作。水草从左到右依次为小狮子草、扭兰、狐尾藻。

制作方法见12页。

在细长的玻璃杯中，一株纤长身材的水草眨眼之间就塑造了一个清清爽爽的世界。
厨房一隅或是书架间隙、盥洗台等处，
只需一点点小空间，不拘场所，皆可放置。
即便是阳光无法照射之处也可以，只是需要时常挪动晒晒太阳即可。
首先，让我们选一株喜欢的水草，从单株扦插开始我们的水族瓶制作吧。

小贴士

容器水位可根据要装饰的场所及个人喜好调整。本书中优先考虑作品的美感，因此设为满水位。

作品1

单株水草与玻璃珠组合

◎在这里只介绍选用红色玻璃珠栽培植物的方法，其他栽培同样。

◎**主要材料**

玻璃珠（红色）

固体肥料

水草（狐尾藻）

◎**容器尺寸**

5厘米×5厘米×高21厘米

镊子的握法

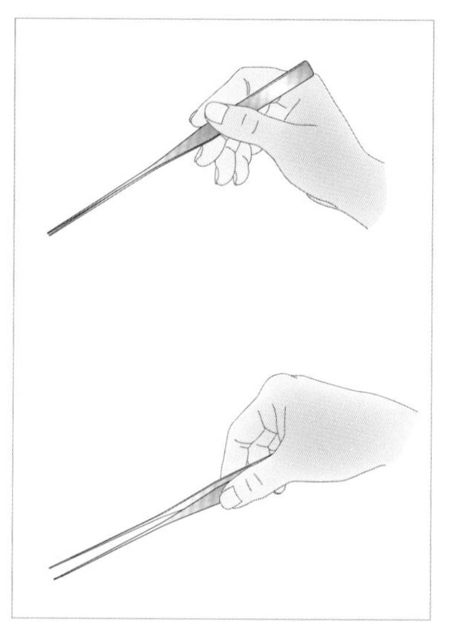

用拇指和食指夹住镊子，根据水草形状及种植场所不同，有握住下端及握住上端的两种握法。

1

往玻璃容器中放入一块固体肥料。固体肥料有利于水草生根、生长。避免使用马上就溶解的肥料，要选肥力缓释型肥料。

2

用勺子取适量清洗过的玻璃珠放入容器中。

3

用工具笔将玻璃珠表面整理平整。根据容器大小，玻璃珠使用量稍有差异，大致加入3~5厘米深的玻璃珠即可，这个深度，水草易栽培。

4

从玻璃容器上部缓缓注水，使用带嘴的容器或水壶为宜。如果从水龙头直接加水，切记要一点点缓慢加入。

水草的栽培方法

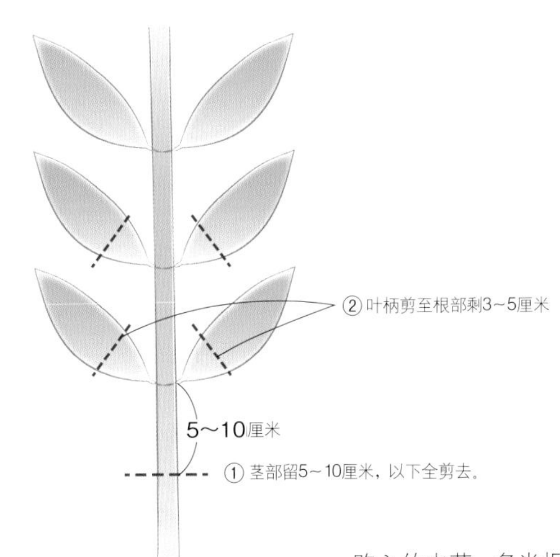

购入的水草，多半根部变为褐色，有损伤。特别是上端抽出茎部，并从茎节部容易生出叶片和根须的茎草，需要修剪根部。然后再把下端的叶子剪短，这样插进土里时水草不易倒折。

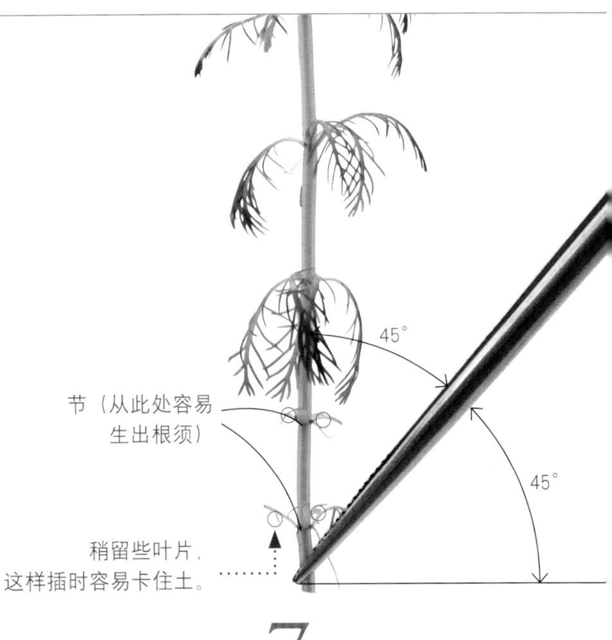

5

选择水草时，首先要跟容器比一下两者高度。水草小一点没关系，太大时需要修剪调整。同时，要考虑水草生长情况。

6

将水草的根部稍微剪掉一些。如上图所示，然后再将下端的叶子整理一番。

7

从下端握住镊子，倾斜45°夹住水草下端。

三株栽培方法一样。如果家中有地方，几种并排摆放更漂亮。最好每天换水，如果不能做到每天换水，至少也要保证每周换水两次以上。

8

用镊子夹住水草根部，另一只手抓住水草顶端，慢慢将水草插入水中。

9

此次只插一株，插在玻璃容器大约中央的位置即可。之后慢慢抽出镊子。

10

水草歪掉的话要用镊子理直。

水草种类

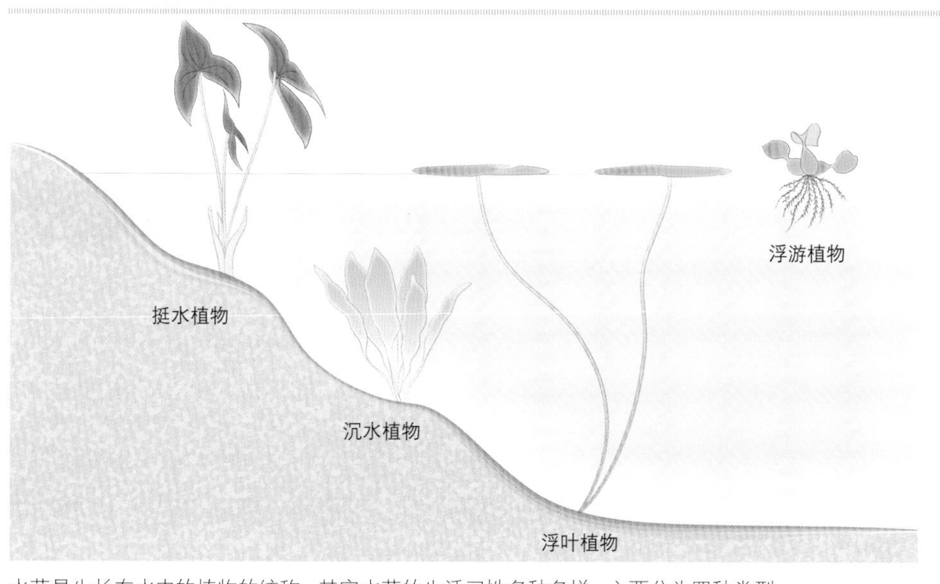

水草是生长在水中的植物的统称，其实水草的生活习性多种多样，主要分为四种类型。
浮游植物=水底不生根，漂浮于水中或水面的浮萍。
浮叶植物=像睡莲一样从水底抽出茎部，叶片浮于水面。
沉水植物=植株整体全部在水中。
挺水植物=叶与茎挺出水面，根扎在水底。

11

插入水草时弄乱的玻璃珠，要用工具笔整理平整。

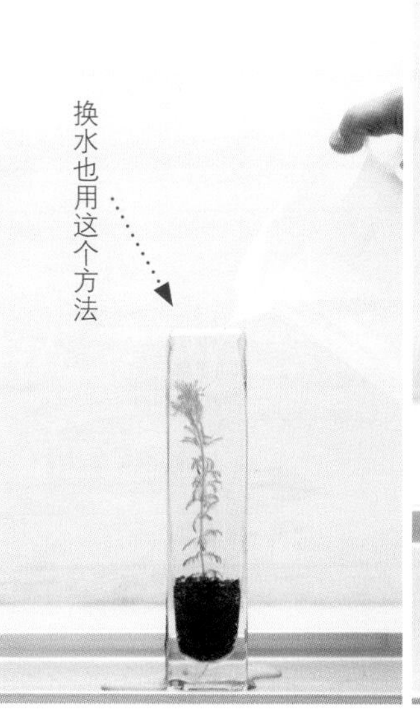

12

注入水，首次先把水注满，这样可把细小脏污一起冲刷掉。换水时也按这个方法进行，不断注入新鲜水直至容器中水变清透为止。

13

水位根据个人喜好而定，最后，如图将手指插入水中，放去多余水分，这样便于挪动。

14

用毛巾或厨房纸将玻璃容器周围的水滴擦干，就大功告成了！

作品2

大型水草，一株就蔚然可观。

◎ **主要材料**

天然沙（黑色）

固体肥料

水草（皇冠草，亦称亚马逊剑草）

◎ **容器尺寸**

直径11厘米×高20厘米

1

使用天然沙时，需要像淘米一样先淘洗后，再使用。反复淘洗至淘洗水清透为止。建议开始先将天然沙放入容器内，确定天然沙使用量后再淘洗，这样不会浪费。

2

水草根须若太长，需将根部稍作修剪。如果是皇冠草，将根部剪至2.5厘米左右即可。每种水草的修剪程度具体不一，购买时请向卖家确认清楚。

3

将肥料、天然沙依次放入容器，然后倒入水。用镊子夹住水草根部（角度倾斜45°），轻轻插至容器中央。

在水中自由舒展

作品3

一种水草多株栽培，烘托出分量感。

◎ **主要材料**

土（褐色）

固体肥料

水草（印度大松尾）

◎ **容器尺寸**

直径7厘米×高19厘米

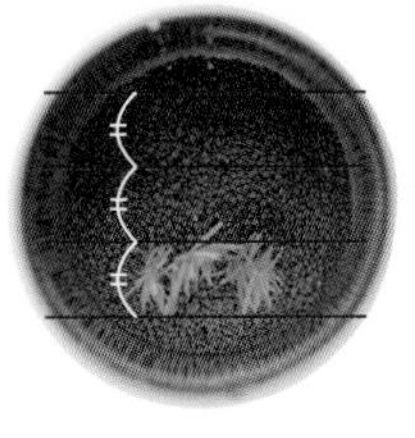

1

容器中放入肥料、土，之后加入水。在此我们要把水草栽成3排，所以把空间粗略3等分，从前依次向后栽植。首先在前面栽上3株（前面栽植稍低矮的水草）。

2

接着在中间栽上4株水草。

3

最后，在后边栽上4株。植成三角形，这样作品看起来会显得非常协调。

◎ 水草的栽植方法请参考第13页。

通过单株扦插，掌握水草栽培基本功，然后提高难度，挑战水草的多株栽培。即便栽植不多，同种水草多株栽培，也能造出繁盛水景。

种植在浅盆里的水草多半会从上往下俯视。意识到这一点，就需要好好地把漂亮形状的水草协调搭配一番。右页玻璃容器与水草造型各不相同，不同的容器会塑造不同的感觉，因此，需要精心挑选。

作品 4

浅阔玻璃盆中，漂浮着3种浮萍

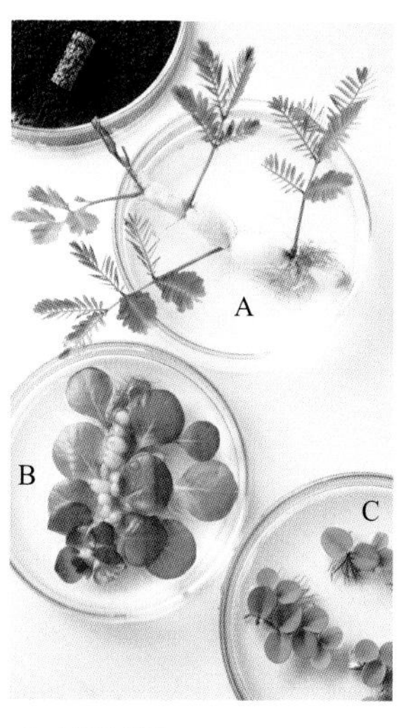

◎ **主要材料**

土（黑色）

固体肥料

水草（A=泰国产水生含羞草、B=菱叶丁香蓼、C=勺叶槐叶萍）

◎ **容器尺寸**

直径26厘米×高6厘米

1

放入固体肥料两块、土添至3~5厘米高，然后用工具笔整理平整。

2

缓慢注入水。

3

表面漂浮的一层细小土壤颗粒，把水倒满冲去为宜。

4

手指伸进去使水溢出以调整水量。

5

根部较长的水草，要把根尖适量剪去。

6

水草浮于水面。水草分量占容器面积的1/3为宜。在水草生长铺满水面之前，注意要一点点疏苗。

◎ 浮萍换水与玻璃杯中栽植水草换水操作相同，初学者最好先把浮萍拿开，再加入新水。

第二章

华丽荷兰式水族瓶

在很久以前，欧洲就会想方设法为漫长的冬季找点乐趣，其中一例便是在温室里培育植物。水族箱便是从这一理念中产生的，其中『荷兰式水草水族瓶』久负盛名。将多种水草组合搭配，协调布局，打造完美水景便是荷兰式水草造景的特征。

在小小的玻璃杯中种植6种水草的荷兰式水草造景。通过合理布置水草，布局变得非常协调。

制作方法见22页。

小贴士

荷兰式水族瓶以水草为主体，体现世界观。

荷兰式水族瓶的美在于将漂流木及石头的使用降低至最少，仅以水草为主体完成水族瓶的空间演绎。水族瓶用坡度层次来体现远近法，斟酌视觉效果使附近水草的色彩及形状发生变化，注重水景的审美意识，有目的地安排布局，这些便是荷兰式水族造景的鲜明特点。在此我们活用荷兰式水族瓶的这些特点，尝试设计了两个作品（第22页与25页）。讲解了什么地方种植什么水草，讲究布局是审美的关键。

作品❺

在小小的玻璃杯中，分块布置形状相异的六种水草

◎ **主要材料**

天然沙（黑色）

水草（A=绿宫廷、B=大叶珍珠草、C=日本珍珠草、D=绿松尾、E=牛顿草、F=迷你红蝴蝶）

◎ 荷兰式水族箱在讲究布局之外，更多使用向水面径直生长的水草（有茎草）。有茎草生长较快，需要频繁修剪。

◎ **容器尺寸**

直径8厘米 × 高9厘米

根据水草种类准备了两种高低不同的水草。分别是到容器板高度的1/2高与2/3高的两种。一般都是前面栽植较低水草。

此处按照①到⑥的顺序依次栽植，但其实顺序并无定说。为了明白易懂，一开始栽植中央水草，之后边留意布局协调性边栽植。因为中央栽植了红色系水草，所以相邻其他水草均选用了绿色系以形成鲜明对比。另外②③④均栽植较短水草。水草数量各8~10株。

※ A~F对应上图水草。

早坂风格·美的法则

为了在有限的空间里打造完美水景，记住以下诀窍吧，这对选择水草的种类有帮助。只需在制作时留意这些诀窍，成品就会大不相同。

- 同种类的水草植成三角形团簇布局。
- 前面种植大叶片水草，后面种植小叶片水草，营造远近感。
- 颜色深的水草植于内侧，明亮色彩的植于外侧，显得视野更加宽阔。
- 颜色形状不同的水草相邻种植，形成鲜明对比。
- 沙面稍微倾斜有坡度，增加纵深感。

1

把固体肥料（1块）放入容器中，然后放入清洗过的天然沙（高度约为2厘米），表面用工具笔整理平整。倒入水。

2

首先把布置在中间的水草（迷你红蝴蝶）一株株栽植上。以45°角用镊子夹住水草尖端，插入沙中之后慢慢把镊子抽出。

3

如果水草弯了，需用镊子把它理直。

在心里描绘一下6种水草的布局

4

以同样操作把余下的水草栽好。在容器中央植成三角形布局，一株一株仔仔细细栽植。

5

一株株栽植第二种水草（大叶珍珠草）。

6

一株株栽植第三种水草（日本珍珠草）。

7

一株株栽植第四种水草（牛顿草）。

8

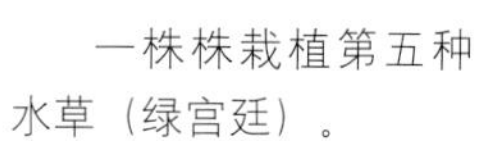

一株株栽植第五种水草（绿宫廷）。

9

在余下的空间，一株株栽植第六种水草（绿松尾），大功告成。

一只手指按住，另一只手栽植

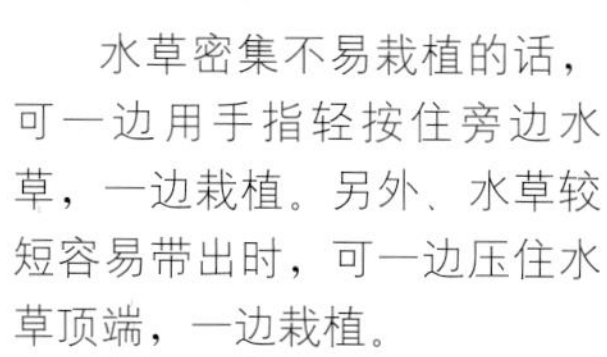

水草密集不易栽植的话，可一边用手指轻按住旁边水草，一边栽植。另外、水草较短容易带出时，可一边压住水草顶端，一边栽植。

作品❻

挑战有纵深感的荷兰式水族瓶，各种各样颜色与形状的水草挤满容器。

在四角形的容器中，使用了11种水草来表达自然之美。砂稍微倾斜有坡度，增加纵深感，好似水中有个无边的深邃森林。

制作方法见26页

制作方法

◎ **主要材料**

天然沙（褐色）

固体肥料

水草(A=水丁香属超红草、B=珍珠菜属黄草、C=红宫廷、D=圆叶节节菜、E=宝塔草、F=小红叶、G=绿宫廷、H=小百叶、I=假马齿苋、J=卵叶丁香蓼、K=绿狐尾藻)

◎ 另外用漂流木

◎ 荷兰式水族瓶除了讲究布局之外，还多使用向水面径直生长的水草（有茎草）。有茎草生长较快，需要频繁修剪

◎ **容器尺寸**

直径12.5厘米 × 12.5厘米 × 高12厘米

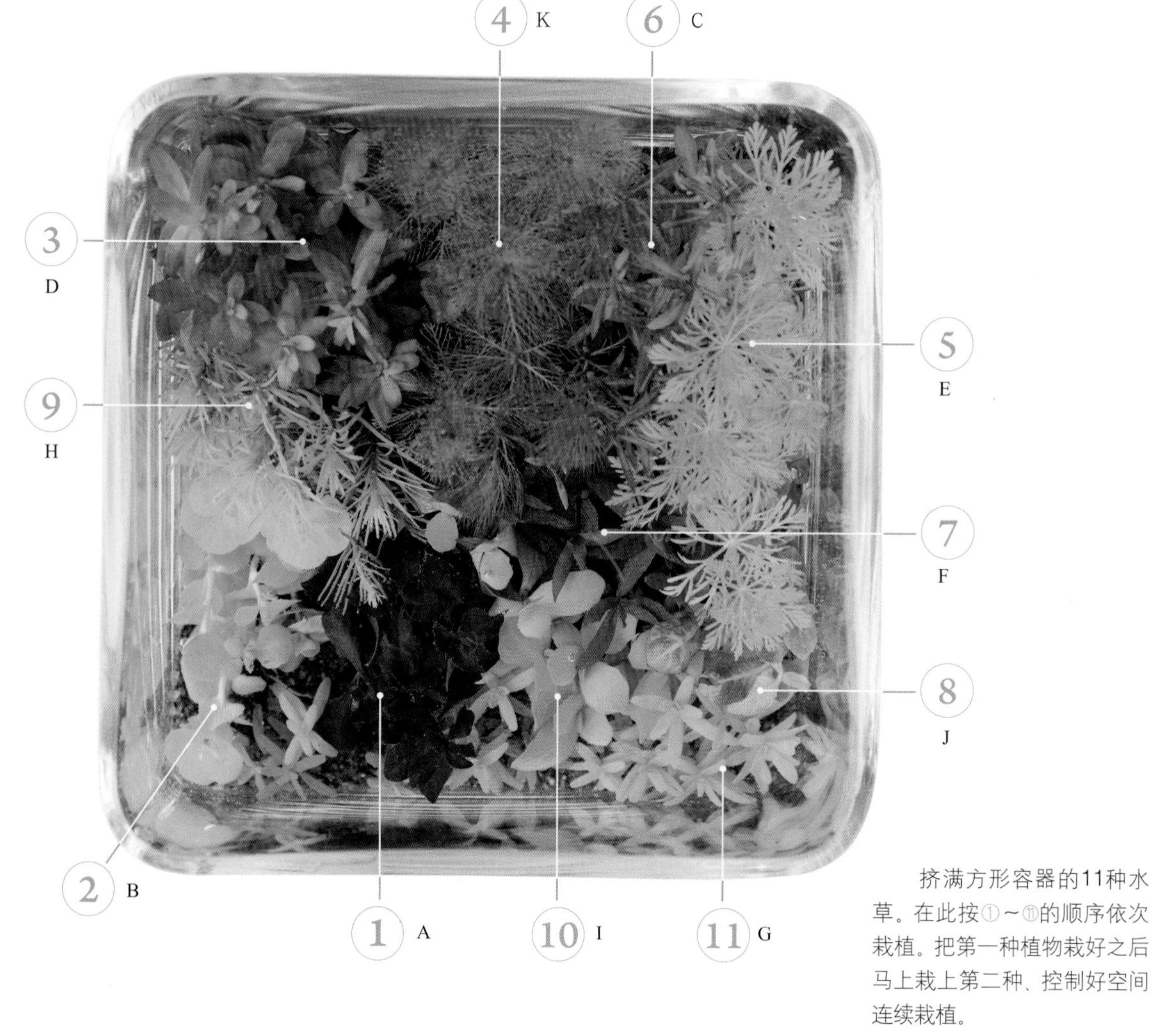

挤满方形容器的11种水草。在此按①～⑪的顺序依次栽植。把第一种植物栽好之后马上栽上第二种、控制好空间连续栽植。

※ A~K对应上图水草。

坡度设置方法（在使用漂流木的情况下）

1

把固体肥料（两块）放入容器中，然后放入清洗过的天然沙（高度为3~5厘米）。

2

用工具笔将表面的天然沙整理平整，此时注意要整理出坡度。

3

在容器的中央，稍倾斜放入漂流木。

4

在漂流木后方加入天然沙，堆高坡度。漂流木会发挥阻挡拦截的作用，所以不必担心后面的天然沙塌掉。

5

将后方的天然沙，整理平整，使得水草更易栽植。

6

坡度做好后。漂流木可以全部埋入天然沙中，也可稍微露出一些。然后慢慢倒入水。

7

边堆沙堆，边栽植。前后成坡度构造，所以即便栽植相同高度的水草，也会打造出远近感。

右下图即是通过搭配水草、漂流木及小石头来表达“和”之世界的参考作品。

材料见35页。

左上图是一种水草与石头的组合。

制作方法见30页。

左下图是水草、漂流木与石头的组合。

制作方法见32页。

第三章

侘寂感水族瓶

侘寂，是表达日本美学意识的一个词汇。一般是指摒除浪费，质朴而安静的样子。要将这种『和』之思想以水族瓶的形式表现出来，我们用最少量的水草搭配漂流木与石头，在质朴中造出雅致恬静的水景。

作品7

三块石头与一种水草，打造流动感的水景。

◎ **主要材料**

天然沙（褐色）
固体肥料
石头（山谷石）
水草（牛毛毡）
另外还使用漂流木。
※此次作品中采用较低水草。

◎ **容器尺寸**

直径8厘米 × 高9厘米

完成的作品总觉得不够满意，然而，因为水草会很快长起来，所以要栽得稀疏。欣赏水景不断变化的样子。

1

把固体肥料（1块）放入容器中，上面放上天然沙（高度为2~3厘米）。使后面稍高，做出坡度，并用工具笔将表面的天然沙整理平整。

2

这里用了三块石头，石头用大、中、小不同尺寸，就易产生变化感。首先放入最大的石头，然后将剩余两个也放进去，摆成不等边三角形，如此一来便十分协调。

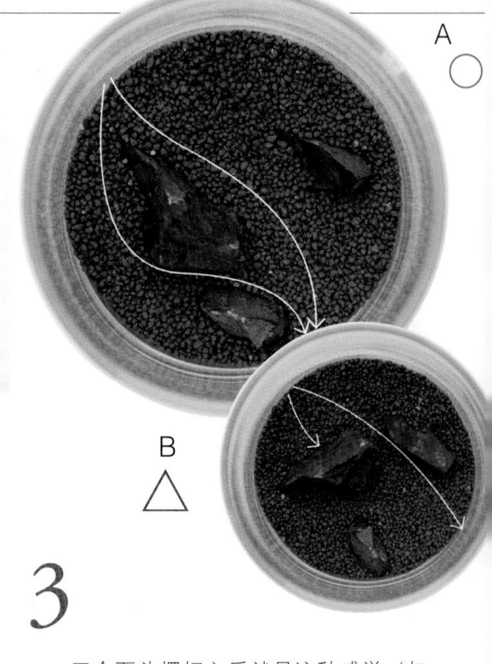

3

三个石头摆好之后就是这种感觉（如图）。什么角度摆放看起来最漂亮由你自己决定，想象水流流动方向去布置也是摆放方法之一。A的布置水能在石头之间顺畅流动，而B的布置水流则会在大块石头处被阻断，因此显得很不协调。

4

缓慢倒入水，注意水不要把天然沙和石头冲塌。如果担心被水冲塌的话，可以把厨房纸多折几次放上去，然后把水倒在纸上边。

5

把厨房纸拿去，用工具笔整理平整。

6

水表面会漂浮一些天然沙，手指放入水中使水溢出便可。

配上石头之后，注意在石头周围不要栽植水草，然后就大功告成了。第28页左上图是栽植约一周之后的状态效果。

7

手指伸入水中，使水溢出以调整水量。操作时注意别让石头滚动。

8

在石头周围植入水草。水草用镊子夹住，一株一株植进去。

9

把水草牢固定植入底部，以防水草歪倒，然后慢慢把镊子抽出。

作品 8

在漂流木上缠上水草以营造自然风。水草根部会附着生长，之后我们便可以静静观赏它的自由生长。

◎ **主要材料**

天然沙（褐色）
固体肥料
漂流木
钢丝
棉线
水草（A=白榕、B=三角莫丝）
附生植物是天南星科和蕨类植物的朋友

◎ **容器尺寸**

直径8厘米×高9厘米

仅是把苔藓缠在漂流木上插进天然砂里，就能轻松地把侘寂的神韵体现出来。

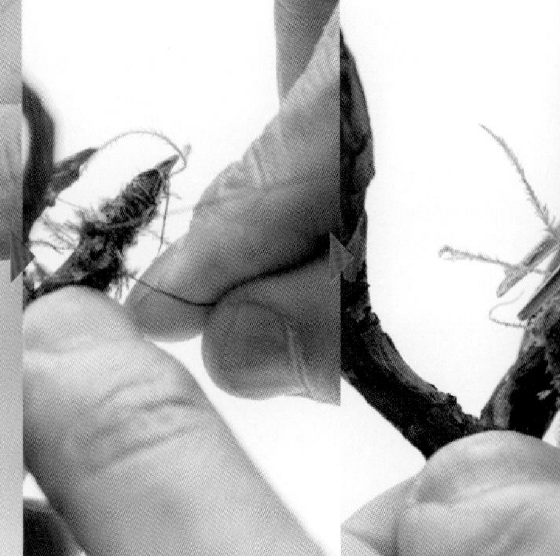

1

结合容器大小，用手把漂流木折断。此处使用了三根漂流木。在缠苔藓或水草之前，先把肥料及天然沙放入容器，再把选定的漂流木插上，确认漂流木状态平衡。

2

在漂流木上缠上三角莫丝。用适量莫丝包住漂流木，缠上棉线避免松动。将棉线的一端衔入口中，这样比较好缠。缠完后打两个结，打结后把线剪断。垂下来的三角莫丝也要剪掉整理整齐。

缠绕方法

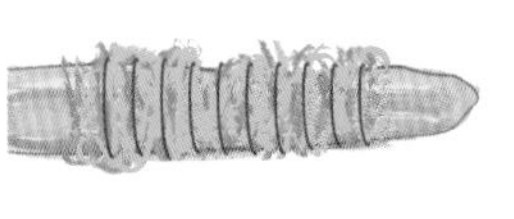

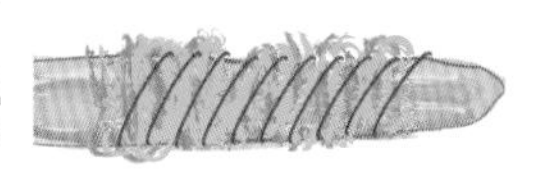

线要垂直于漂流木缠绕。斜向缠绕线容易松动。

苔藓缠绕部位

3

把水草植株缠在漂流木上。较小株缠于漂流木两端用岔枝夹住，用钢丝把水草茎部与漂流木缠在一起。剪掉钢丝的多余部分，尾端绕在漂流木上缠好。

4

准备三根漂流木

5

用镊子夹住漂流木插入天然沙中。首先插入最大的漂流木，然后观察以保持平衡协调，把剩余两根也插进去。

6

把水溢出以冲去细小砂石脏污。

7

手指伸入水缸降低水位，调好水位后便大功告成。经过1~2月，就会生出新根，水草便附着于漂流木而生。

作品9

球形玻璃容器中，封存了一个侘寂感的世界。

◎ **主要材料**

天然沙（褐色）

固体肥料

石头（龙王石）

水草（A=牛毛毡、B=大叶珍珠草）

◎ **容器尺寸**

直径14.5厘米 × 高11.8厘米

把大块石头放在中间，周围放上小石头，沿着石头周边，尽量稀疏栽植水草，更能衬托石头的美。

营造侘寂感世界不可或缺的就是石头与漂流木。两者皆是历经长年累月形成的自然产物。通过使用它们，体现出了不假雕饰的自然风。

小小的水景中，漂流木、石头、水草和谐相处，趣味无穷。

作品⑩

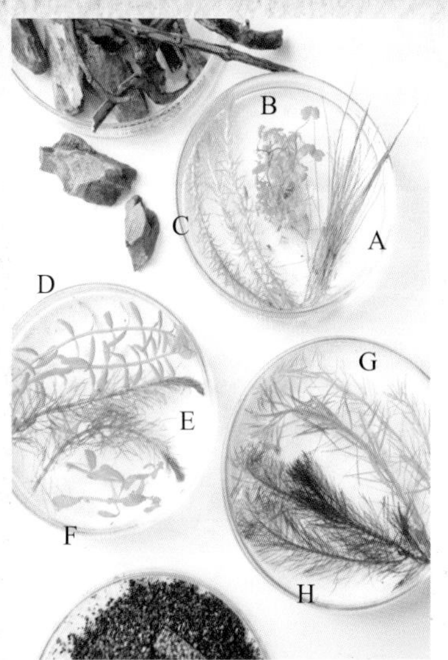

主要材料

天然沙（黑色）
固体肥料
漂流木
石头（松皮石）
水草（A=牛毛毡、B=三裂天胡荽、C=绿松尾、D=绿宫廷、E=越南百叶、F=红色小圆叶、G=小百叶、H=红松尾）

容器尺寸

8.5厘米×8.5厘米×高8厘米

前面多布置些石头、让漂流木露出水面，打造动感印象。水草也选用形状相异的品种，便可体味变化的乐趣。

第 四 章

挑战自己的原创

水族瓶不仅是在玻璃容器中植入水草，还可以通过主题设置，拓展别的乐趣。

比如，也可以将身边的自然景物展现于水中。

要把自然界的无限风景引入有限的空间内，选取什么地方的景物，以什么为重点至关重要。

在这里，将会产生一个独一无二的原创作品。

讲师早坂诚先生到访的地方是位于东京都港区的国立科学博物馆附属自然教育园。在这发现一处他中意的风景之后，便简单地在纸上快速素描一番，或是拍成照片保存，这些将会对他的作品创作有所帮助。

与大自然接触，发现水族瓶的创作主题！

也不用去什么特别的地方，附近的公园、身边的地方就是大自然的藏身之处。即便不是什么大风景，但树木的形状、河水的流动、石头或是漂流木的布局，苔藓的生长情况等，这些细微之处也值得好好观察。肯定会获取有助于水族瓶创作的灵感。

在素描时，要着重描绘风景中给人留下深刻印象的部分。只画木头的布局或形状也是可以的。

为了把喜欢的风景留下来，早坂诚先生背包里边经常装入相机和素描本。

发现一处独特拱形的大树的风景。视线放低，同一景色，意境又会有所不同。

树木的形状，长在大树上的植物及苔藓等，感觉能够在水族瓶中体现的主题太多了。

不仅要关注大型风景，也需要留意细节。

漫步在大自然中，发现一处美似画卷的风景时，尽量用笔画下来。或许有人说〝我不擅长画画啊〞，其实只要自己能够理解便可，就当作是做个笔记。在此我介绍一下素描时的要点。无法用笔描绘时，连细节也一并拍照记录下来吧。

◎ 只画必要的地方

并非要把全部风景都画下来，只需将观察后觉得印象深刻的地方粗略画下来。思考下哪里漂亮，什么地方不需要，只把对自己来说必要的部分截取下来。这些会因人而异，选择或是形状有趣的树木、或是生于大树上的苔藓，或是缠绕于树与树之间的爬山虎，或是时令花草等，可以根据各自喜好选择，素描中最重要的不是准确性，而是牢牢抓住关键要素。

◎ 画出纵深感

水族瓶布置（布局）中，纵深感非常重要。前后位置要画得清晰易懂，前面的树木画得大些，后边的树木画得小点。

◎ 看不到的东西也要画上去

〝这里要是有条道就好了〞〝这石头的摆放位置让人觉得朴素而安静〞等，去想象、去设计，自由畅想，把当时有所感的事物也一并画上去吧。

摄影协助/国立科学博物馆附属自然教育园

作品11

三根漂流木与两种水草，简简单单打造森林风景

◎ **主要材料**

土（褐色）
固体肥料
漂流木
水草（A=水田碎米荠、B=小狮子草）

◎ **容器尺寸**

直径12厘米×高15厘米

选取的风景。乍一看觉得很复杂，但若找印象深刻的事物，就出乎意料的简单。在这里为了便于理解，把要点缩至三个（形状有趣的树木与面前繁茂生长的竹子，以及后边葱郁的树林），来展现水族瓶的世界。

1

对风景简单地进行素描。对印象深刻的地方，主要描绘出树木的角度或是竹子的形态。

用水景把自然风景演绎出来，就是这种感觉。两种水草，选用不同形状以突出变化。即便同一风景，布置不同则水景相异，这一点十分有趣。

2

容器中加入固体肥料（2块）与土（高3~5厘米）、做出前面低、后面高的坡度。

3

看素描选漂流木、将漂流木插到土中。用工具笔将土整理平整。为了与容器大小保持协调，也可多放点土。

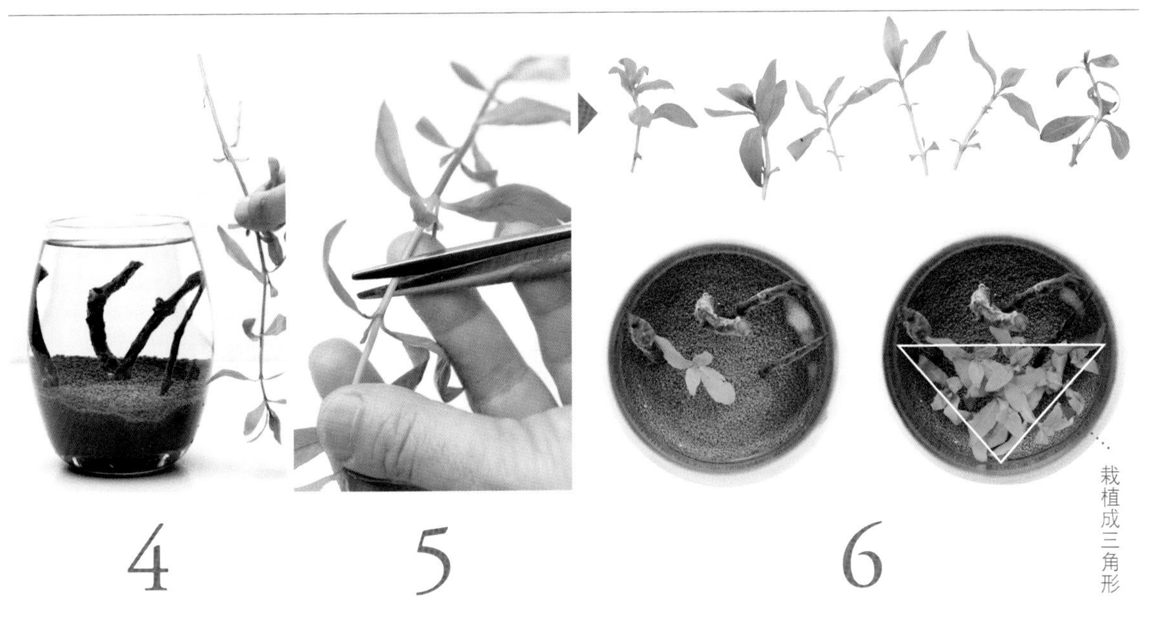

4

缓慢加入水、定水草（小狮子草）高度。

5

为了再现风景中的竹子形象，选择了与竹子叶子相似的小狮子草，把水草长度剪短。

水草的修剪方法请参考第13页。

6

在漂流木的前面，栽上比拟竹子的水草。注意不要过于紧贴玻璃容器。

7

准备另一种水草（水田碎米荠），栽在漂流木的后边，打造茂密葱郁感。

8

加水使水溢出冲去细小脏污，然后用工具笔把土整理平整。

作品⑫ 增加水草种类、显得热闹繁盛，即便同一风景给人的印象也会大不同

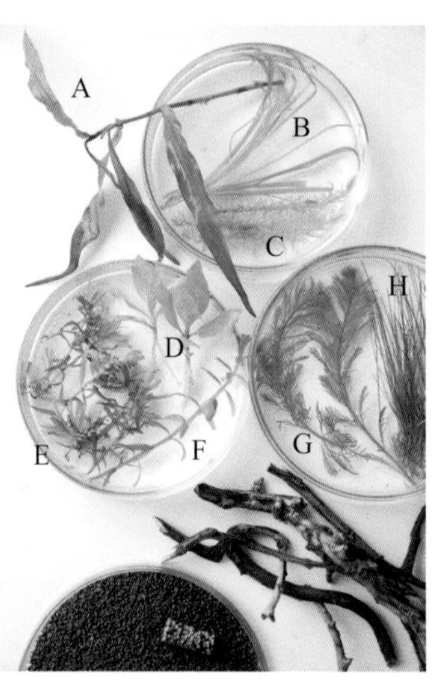

◎ **主要材料**

土（褐色）
固体肥料
漂流木
水草（A=粉蓼、B=针叶皇冠、C=绿松尾、D=袖珍青叶草、E=牛顿草、F=绿宫廷、G=绿狐尾藻、H=牛毛毡）

◎ **容器尺寸**

直径12厘米×高15厘米

第40页中介绍的同一风景升级款。水草由2种变为8种，纵深感增强，打造别样水景。

作品⑬ 天然砂整理出坡度，突显前面的庭院与后面森林的远近感

◎ **主要材料**

天然沙（褐色）
固体肥料
漂流木
棉线
石头（熔岩石）
水草[A=三角莫丝、B=水丁香属超红、C= 珍珠菜属黄草、D=金鱼藻、E=珍珠菜属黄草、F=大叶珍珠草、G=牛毛毡、H=三裂天胡荽、I=赤焰灯心草、J=红宫廷、K= 长蒴母草、L=牛顿草、M=粉红小圆叶（旧称锡兰小圆叶）]

◎ **容器尺寸**

12.5厘米×12.5厘米×高12厘米

前面是平地，后面是茂密葱郁的森林。为了体现前后远近感，前面尽量栽植较矮水草，后面多插漂流木，使之张弛有度。

使用两种天然砂，有纵深感的森林道路，是非常引人注目的

作品⑭

在选取的风景中，令人印象深刻的是路上大树的形状与通往树林的道路。运用两种天然沙来体现，大树角色用缠绕水草的漂流木来大胆布置。

主要材料

天然沙(褐色)

土（褐色）

固体肥料

漂流木

棉线

石头（山谷石）

水草（A=三角莫丝、B=牛毛毡、C=大叶珍珠草、D=白榕、E=粉红小圆叶、F==红宫廷、G=日本珍珠草、H=金鱼藻、I=小百叶、J=针叶皇冠、K=绿宫廷）

容器尺寸

12.5厘米×12.5厘米×高12厘米

将旅途中发现的风景在水族瓶中演绎，实景中还满含回忆、憧憬、想象

参考作品

屋久岛的白谷云水峡

通过石头的布置方法，让人感受到河水的流动，风穿过水草之间的清爽感扑面而来

屋久岛是距鹿儿岛县大隅半岛约60千米的一座小岛。白谷云水峡是位于流经小岛北部的宫之浦川支流、白谷川上流的一处溪谷。溪谷被代表屋久岛的照叶林覆盖，可看见跌落到花岗岩间隙的大小瀑布。水族瓶尝试将该溪谷的流动与深邃的森林简单演绎。将石头的布置方法稍微复杂化就能描绘出河水的流动，赤焰灯芯草左右布置就能营造茂密葱郁的森林。中间空出，就能体现风穿过去的清爽感。

参考作品

亚马孙热带雨林

一起来欣赏下俯视的景色吧
面前的植物及背景树林令人印象深刻

热带雨林广泛分布于南美洲亚马孙河流域，全球面积最大的热带雨林，简称亚马孙。面积非常大，据说相当于地球热带雨林面积的一半。亚马孙横越八个国家。这张风景照是在巴西拍摄的。照片前面的亚马孙王莲用三裂天胡荽体现，后面茂密的树木用多种有茎类水草来体现，亚马孙王莲与树木之间的陆地用卷上苔藓的石头来体现。在水中将这些主题有力凝结，从上边俯视也能体味出亚马孙风景的感觉。

第五章

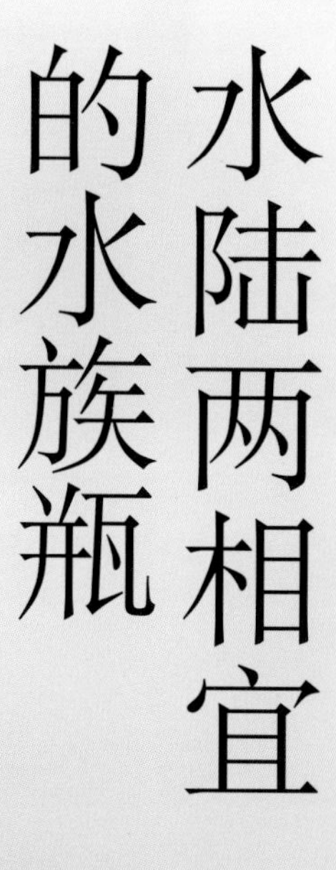

水陆两相宜的水族瓶

水草是一种曾一度将生存空间扩展至陆地上，又再次回到水中的植物。很多水草拥有水陆两种形态。

有的水草两种形态差别巨大，仿若两种不同的植物。不仅在水中可做欣赏，在陆地也可欣赏，这就是水草的魅力。能同时欣赏到水中的水草和跃出水面的水草的颜色及形状，便是水族瓶了。

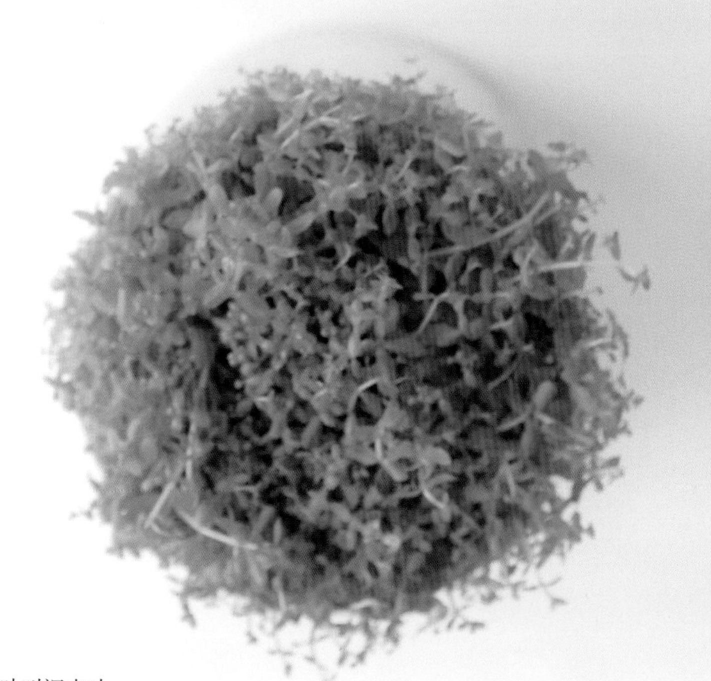

长于水中的叶叫沉水叶、
长于水上的叶叫挺水叶。
照片中是日本珍珠草的沉水叶（上）及挺水叶（下）

关于水草，请参考第15页。

印度大松尾的沉水叶（左）与挺水叶（右）

红宫廷的沉水叶（左）与挺水叶（右）

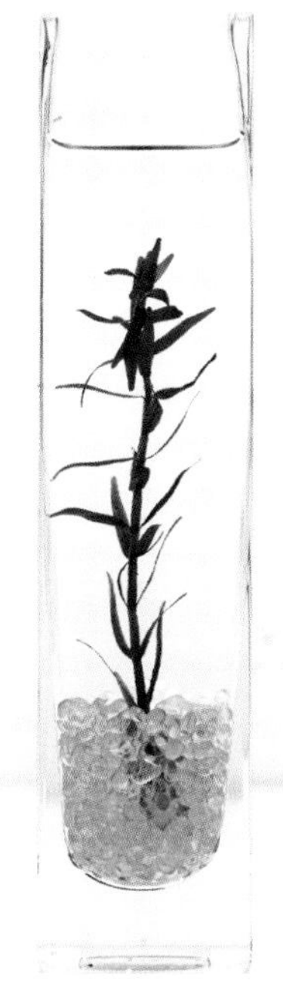

小百叶的沉水叶（左）与挺水叶（右）

异叶水蓑衣的沉水叶（左）与挺水叶（右）

水丁香属超红草的沉水叶（左）与挺水叶（右）

鲜红山梗菜（又名红芭蕉）的沉水叶（左）与挺水叶（右）

除了缠绕在石头上的苔藓之外，还运用了三种水草的沉水叶与挺水叶。可欣赏同一水草在水中和陆地两种环境下的不同姿态。大胆平放的漂流木也成了作品的点睛之笔。

作品⑮

用石头和苔藓把水陆分开，在其间栽植水草，演绎水畔环境

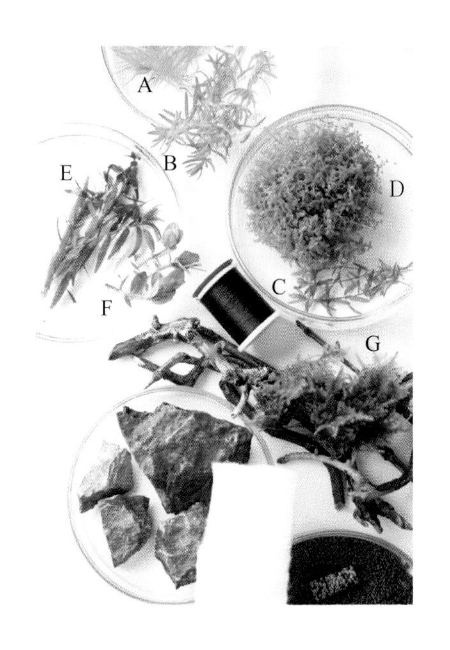

主要材料

土（褐色）
固体肥料
漂流木
石头（龙王石）
棉线
羊毛垫
水草（A=印度大松尾的沉水叶、B=印度大松尾的挺水叶、C=日本珍珠草的沉水叶、D=日本珍珠草的挺水叶、E=红宫廷的沉水叶、F=红宫廷的挺水叶、G=南美莫丝）

容器尺寸

直径15厘米×高16.5厘米

1

往容器中放入3块左右固体肥料。固体肥料以5厘米见方的大小为准。

2

放入土，埋住固体肥料。

3

用工具笔整理平整，后边稍高做出坡度。

4

土高3~5厘米。做坡度时，前面约为3厘米，后面约为5厘米这样比较协调。

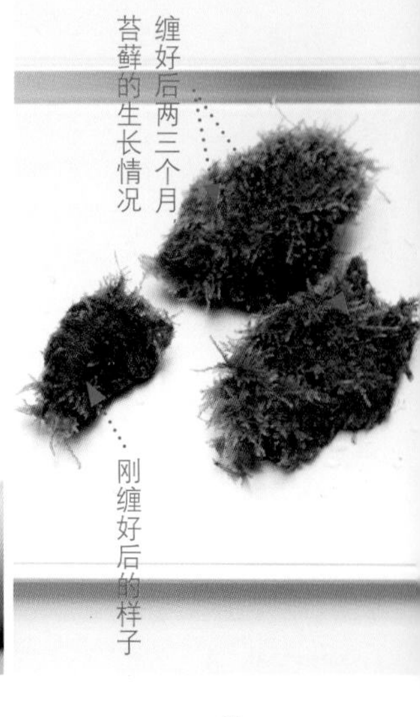

◎ 苔藓的缠绕方法请参考第32页。

5

选择可盖住石头的苔藓（南美三角莫丝）覆于石上、用线好好缠住。放入苔藓除了使作品看起来有种自然感，水也会得到净化。

6

石头缠上苔藓后的状态，随时间推移苔藓会长大。选择大小不同的石头以突出变化。

7

着重体现水中与陆地两种环境，像设置屏障一般在土上摆放缠绕苔藓的石头。两块苔藓之间放上大块石头。

8

为了防止土壤流失，在苔藓后面放置羊毛垫（不溶于水的材料、可从水草专卖店购入）作防波堤。

◎ 若没有羊毛垫，也可摆上一块小石头。

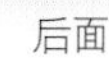

9

后边放入土，堆得更高些，用镊子在缝隙之间填上土，以盖住羊毛垫。

这片缝隙用苔藓（南美莫丝）补上

10

缠上苔藓的石头间的缝隙用苔藓（南美三角莫丝）补上，并使之与周围苔藓融为一体。

11

摆放漂流木与栽植水草之前的基础工作已完成。前后左右各个角度观察一番，确认土壤坚实不坍塌。

12

树根仿佛从地面生出一般，漂流木从上到下平放。不要同一方向放置漂流木，左右变换角度放置才是关键。

13

在漂流木之间摆放小块石头。

14

用喷雾器喷雾处理，全部弄湿。特别是后面堆高的地方，要充分加湿。

15

加入水。水如果浇到土上，沙土会溅起，把水浇到苔藓上就可避免。

16

水中栽植沉水叶植物。像日本珍珠草一株非常纤弱，可几株绑在一起栽植。长起来之后十分繁茂，沿着石头栽植效果会非常好。

17

在后边无水陆地上栽植挺水叶水草。虽然与前面水中植物栽植方法相同，但由于没有水的浮力，很好栽植。有茎草，如印度大松尾等要把下边的叶子稍微弄掉些再栽植。

◎ 水草的栽植方法请参考第13页。

18

大功告成。好好观赏沉水叶与挺水叶植物每天不断地变化吧。

作品16 大胆插上漂流木，打造跃动感，整体给人一种野生粗犷印象

即便使用同一玻璃容器，也会因布置方式相异而给人印象大不同。这个作品是用岩石一样的大石头，与跃出容器的漂流木来打造出动态感。又通过增加水草数量，来提高整体分量。右图是栽植一个月后的生长效果。通过加植一些南国田字草，更能产生一种自然感。

主要材料

土（黑色）
固体肥料
漂流木
石头（龙王石）
棉线
羊毛垫
水草（A=三角莫丝、B=宽叶太阳、C=赤焰灯心草、D=日本珍珠草、E=针叶皇冠、F=白榕、G=百叶草、H=印度大松尾、I=三裂天胡荽）

容器尺寸

直径15厘米×高16.5厘米

第 六 章

水草与动物的合作

仅仅是隔着玻璃看鱼在其中轻快地畅游，心情就十分愉悦，神清气爽。要欣赏水草与鱼和谐共生，就必须创造出让鱼能在水中自由畅快地活动的布局。因此，要决定养什么种类的鱼。在上方游的鱼，还是在下方游的鱼，种植水草的种类和布置也会随之而变。

若是皮颏鱵（俗称银水针），这种鱼通常在上方游，就要栽植低矮水草，给上层腾出空间。

制作方法请参考第56页。

微鲃脂鲤为一种在中间游动的鱼。是一种性格有点胆小的小型鱼，穿梭于水草之间，成群游动。虽然水草栽植较密集，中间也要弄得宽敞一点，这点很重要。

作品 17

在上层游动的鱼，要把上部空间弄干净。浓密与稀疏的水草要前后栽植，这样才张弛有度

◎ **主要材料**

天然沙（黑色）
固体肥料
石头（松皮石）
水草（A=迷你椒草、B=迷你牛毛毡）
此次作品中，使用低矮型水草迷你牛毛毡。
鱼（皮颏鱵）
其他还需要中和剂、汤匙等。

◎ **容器尺寸**

11厘米×28.5厘米×高8.8厘米

1

往容器中放入固体肥料（此处放3块）

2

加入天然砂埋住固体肥料。此处鱼为白色，所以为了对比鲜明，选用了黑色天然沙。

3

用工具笔把天然沙整理平整。

4

天然沙高度通常为3~5厘米，但像这种比较浅的容器，稍低一些（2厘米左右）也可以。

5

即便容器空间不大，也要通过观察水的流动来布置石头。进而要注意连续性，石头摆放尽量不留缝隙是关键。多摆放几次也没关系，可以各个摆放角度多尝试看看。

6

后边添上天然沙，制造起伏感，然后用工具笔整理平整。

7

往容器中加入水，在石头后方栽植淡绿色水草（迷你牛毛毡）。

一般来讲，把水草分散开更易栽植，新的根部容易长出来，所以尽量先分成小株再栽植。

8

然后把深绿色水草（迷你椒草）栽植于石头前面。

9

放鱼之前的水族瓶已完成。两种水草不掺和，前后分开对比鲜明。水草会逐渐长大，随着时间流逝密度会增加。

换水时也别忘记使用中和剂。

10

放入鱼之前，加入适量中和剂，分解自来水中含有的氯（漂白粉）。

◎ 即便这些对人体无害，但对小鱼来说就会有毒。为中和掉其中的氯气必须使用中和剂。中和剂因厂家不同，所用分量不同，所以必须仔细阅读说明书之后再使用。如已使用可除去氯气的净水器，则无需再加中和剂。

11

准备放要养的鱼。以1升水放一条鱼为准。先暂时把鱼放到一个大碗之类的容器中，然后用汤匙舀取，放入水缸。

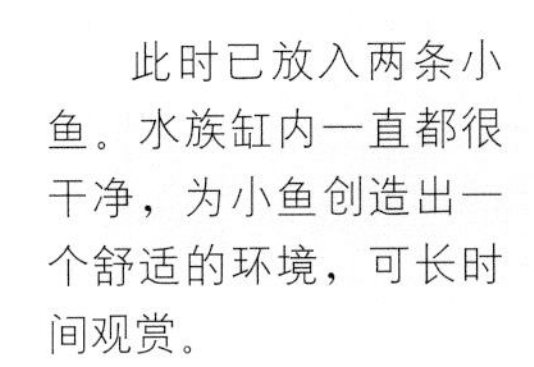

此时已放入两条小鱼。水族缸内一直都很干净，为小鱼创造出一个舒适的环境，可长时间观赏。

关于鱼饵

鱼用饵料热带鱼店及水草专卖店中均有售卖。鱼用饵料可放到瓶中保存，用起来很方便。尽量每天都投放少量（可以全部被鱼吃掉的量）鱼饵。

作品⑱

在下层游动的鱼，把底部空间空出、打造石头与水草的简单空间

◎ 主要材料

天然沙（褐色）
固体肥料
石头（山谷石）
水草（迷你牛毛毡）
鱼（黄带短鰕虎鱼）
其他还需要中和剂、汤匙等。

◎ 容器尺寸

8厘米×高10.5厘米

很有稳定感的酒杯中，演绎一个水草与小生物的世界。黄带短鰕虎鱼在下层游动，水草环绕酒杯布置在周围。为了能够清晰观赏鱼，此次选用了褐色天然沙，而黑色石头起着收敛整体的视觉效果的作用。

在水族瓶的舒适空间中，与雨蛙相伴生活

作品⑲

模拟岸边情景的水族瓶。雨蛙多在陆地上生活，因此，作出了水中与陆地的高低差。最好使用有盖子的容器，以防雨蛙跃出。

或是紧贴着缸壁，或是爬在树枝上，自由活动的雨蛙让人百看不厌。活虫子基本上它都十分喜欢吃，可以从市面上购买给鸟或者鱼作饵料的虫子。

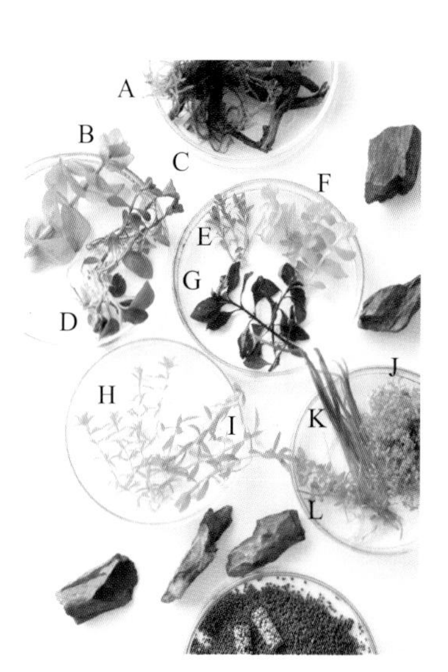

主要材料

土（褐色）
固体肥料
漂流木
石头（松皮石）
水草（A三角莫丝、B= 巴戈草、C=大红叶、D=白榕、E=小百叶、F=珍珠菜属黄草、G=水丁香属超红草、H=日本珍珠草的沉水叶、I=绿宫廷、J=日本珍珠草的挺水叶、K=针叶皇冠、L=大叶珍珠草）
其他还需要雨蛙、中和剂等。

容器尺寸

15厘米×15厘米×高24厘米

第七章

重新创作与再调整

眼看着水草慢慢长大，
但当长得繁茂时，就要果断修剪。
再者，想给水景换种感觉时，也可以栽植别的水草来替换已有水草，或者添加石头、漂流木，来打造完全别样的水景。以之前设计的水族瓶为例，介绍一下重新创作与再调整的技巧。

作品20

长得太长的叶子剪掉 整体长高的水草，要把

左图是第二章（请参考第22页）中制作的荷兰式水族瓶。过了约两周就长高这么多。与别的水草比起来，栽植在中间的红色水草（迷你红蝴蝶）长得较慢，以这个水草为基准把其他水草修剪一番吧。

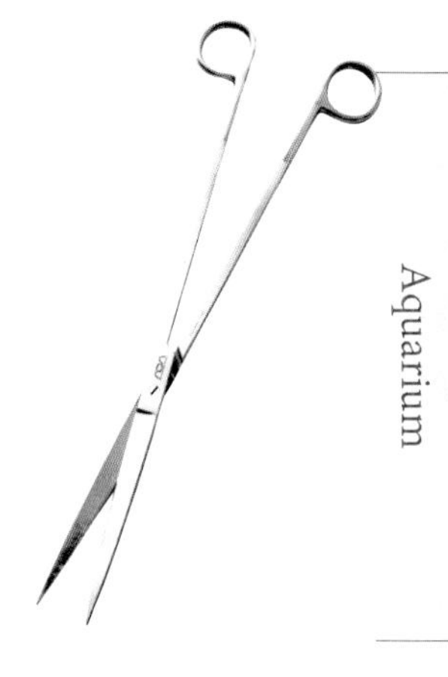

Aquarium

1

剪刀直接插入水缸中，把目标水草修剪一下。剪掉长高的水草叫"整枝"。

A

○

×

尖端

B

整枝只需要尖头剪刀就行，也可用专用功能性剪刀。专用剪刀又细又长（约26厘米），以便刀尖伸进更深处修剪。

2

剪掉长得太长的叶子。如A图尖端硬挺的，可以栽植在水族瓶空隙处。B图尖端已被剪掉，就等着它从节端发出新芽，今后随着水草长大就会出现差异变化。调整高度做起来很困难，所以要果断修剪。

整枝后

整枝前

3

整体修剪后，看起来非常清爽。一长高，就果断修剪，如此一来，漂亮水景就能长久保持。

作品21

单株扦插改为三株混栽，水景感觉大不同

◎ **主要材料**

固体肥料

水草（A=红雀血心兰、B=巴戈草、C=异叶水蓑衣）

上图是第一章（请参考第16页）中单株扦插作品。容器空间很宽裕，可以把水草改为三株混栽。不仅仅选用绿色，再搭配发红与泛黄的水草，变得尤为华美。

新长出的白色根须

1

把之前栽植的水草（皇冠草）的根部用镊子夹住拔除。已经长出新的根须，可以栽植到别的容器中。

2

水草拔除掉的地方凹凸不平，要用工具笔将表面天然沙整理平整。

3

埋入新的固体肥料。结合容器尺寸大小，此处使用三块固体肥料。

4

栽植第一株水草（异叶水蓑衣）。三株水草栽植时，布局呈三角形较协调，分别在三角形的各顶点栽植一株水草。

5

确认长度，栽植第二株水草（红雀血心兰）。

6

与第一株水草重合，显得沉闷，所以要把下端重合部分的叶子剪去。

7

栽植第三株水草（巴戈草）。

8

这株也与第一株水草重合了，把下端叶子剪掉使之清爽利落。

9

栽植完成。水草会长得很快，尽量使长起来的叶子也不会重合在一起。从上边往下俯视，就很清楚看出栽植成了三角形。

作品㉒

把长高的水草作整枝并移栽，添上漂流木及石头

新准备的东西：石头（山谷石）和漂流木

第四章（请参考第40页）中制作的水族瓶水草，两周左右长了这么多。把长高的水草上端剪去并移栽，添加石头及漂流木，让我们尝试着小小布置一下吧。

1 修剪长高的水草

小狮子草从节端把上面的部分都剪去。

先把栽植在前面的水草（小狮子草）全部剪短。接着后边的水草（水田碎米荠）也稍微剪短。倘若还有大片叶子，也尽量剪掉使之清爽利落。从上边往下俯视，能够看见下边的土为宜，之后的栽植操作起来会较轻松。

2 放上漂流木

水草修剪后，水景会变得非常清爽利落，在空隙处添上两根漂流木。原本作品就是取自大自然的风景，所以我们可以一边看照片或素描，一边展开构思，来决定漂流木扦插位置。基本上，插在前面会有种压迫感，布置在已有的两根漂流木之间看起来比较自然。

启发作品主题灵感的风景

3 放上石头

确定好后要用的石头，在放入水中之前，先模拟摆放一下位置。摆放石头的要点是能够感受到水流动起来很自然。实际摆放，看起来协调即可。原作品中没有运用石头，此次通过添加石头水景来大变样。

把两种水草修剪一番，加入漂流木，布置上石头，效果如上。还能有足够空间栽植水草哦。

4 整理水草

剪掉的水草也要进行一番整枝。要点是只把尖端留下其他全剪去（余5厘米左右）。并整理下部的叶片。此处选用的两种均为笔直生长的水草，要果断剪短。两种水草相同处理。

※水草的修剪方法请参考第13页的〝水草栽植方法〞。

5 栽植水草

大功告成。上边清爽，下边热闹，再加上漂流木和石头，产生一种深邃感，布置得张弛有度。

把剪短整理过的水草插在已有水草之间的空隙中。

水族瓶的维护

为了能够一直美美地欣赏水族瓶，在此介绍下日常的换水及打扫诀窍。

不需神经质般时刻留心，就能每天欣赏水草，维护时机很重要。

检查容器内侧污垢

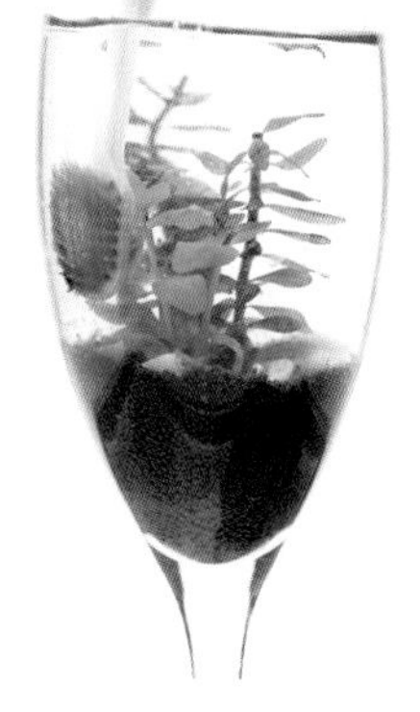

牙刷刷不掉的污渍用密胺海绵就能轻松抹掉。把密胺海绵插到镊子上，打扫一下就干净了。

发现玻璃容器上有污渍后，先用牙刷把内侧污渍刷掉。牙刷毛端剪短，会更好使力。

换水就是把不新鲜的水溢出

布置上白色石头，有脏污也很容易看到。如果觉得取出来清洗麻烦，可以用镊子翻过来让干净的一面露出来。

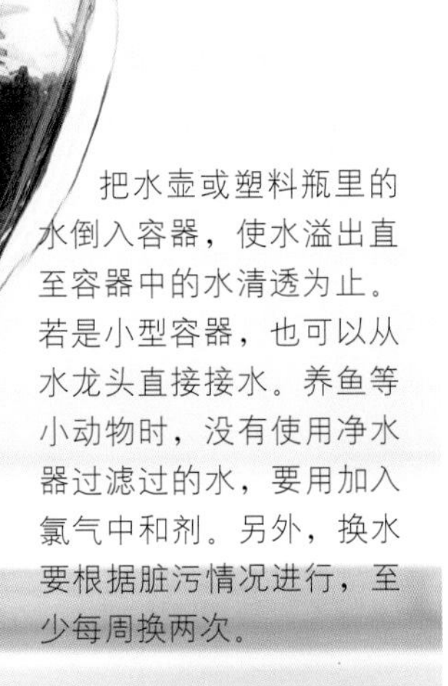

把水壶或塑料瓶里的水倒入容器，使水溢出直至容器中的水清透为止。若是小型容器，也可以从水龙头直接接水。养鱼等小动物时，没有使用净水器过滤过的水，要用加入氯气中和剂。另外，换水要根据脏污情况进行，至少每周换两次。

关于温度管理

水族瓶基本要避免阳光直射，放在通风好的背阴处。理想水温在23~26℃，在四季变化大，高温多湿的中国，是需要费些心思的。盛夏季节要加冰去温，寒冬要像图中那样用上加热器，才能尽量长久观赏。

第八章

通过礼物传达心意

或许因为水族瓶是用来栽植水中的植物吧，给人感觉很难作为礼物送人，但其实是可以送的。
你会担心水洒出来，但只要暂时把水倒出来，到了目的地再把水加进去，还会成为小小的惊喜呢。
装在玻璃容器中的清新水灵的水草礼物，比什么都新鲜时尚。
我们的心意肯定会传达给对方，并附上简单的培育方法及养护贴士吧

作品23 在加盖的小玻璃箱中装一个微缩版的水畔世界

手掌大小的玻璃容器中，布置两种水草和石头。演绎小小水景。沙土要稍微做出坡度，后面堆高。

主要材料

土（褐色）
固体肥料
石头（熔岩石）
水草（A=针叶皇冠、B=日本珍珠草）

容器尺寸

6.2厘米×6.2厘米×高5.3厘米

若在空间较小的地方栽植，水草也要结合空间大小选择合适尺寸。水草较低矮容易从砂中带出，因此，栽植时用手指按住水草尖端，牢牢插至砂土中。

作品24

让人感受到玩心童趣的独特灯泡状水族瓶

有稳定感的灯泡状瓶子，作为室内摆设非常有人气。放入盒子中更安心，最适合作为礼物送人。有大、中、小三种尺寸，此处选用的是中号。

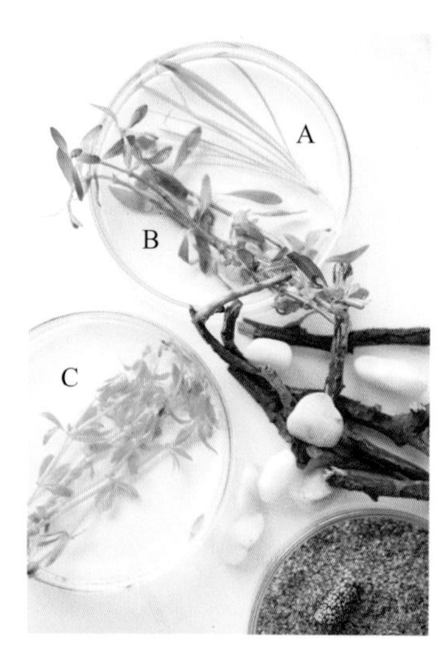

◎ **主要材料**

天然沙（褐色）
固体肥料
漂流木
石头（鹅卵石）
水草（A=针叶皇冠草、B=豹纹丁香、C=越南胡麻草）

◎ **容器尺寸**

口径3.5厘米×高17厘米

白色鹅卵石为亮点，成品看起来十分清爽。灵活运用瓶子的形状，使水草和漂流木都呈一致的拱形。

1

加入固体肥料后，使用漏斗加入天然沙。如没有漏斗，用纸卷折一下也可使用。

2

加入适量天然沙之后，用工具笔整理平整。后面垫高，稍微做出坡度。

3

前面天然沙大约3厘米就行，因为做了坡度，后面要稍微堆高。

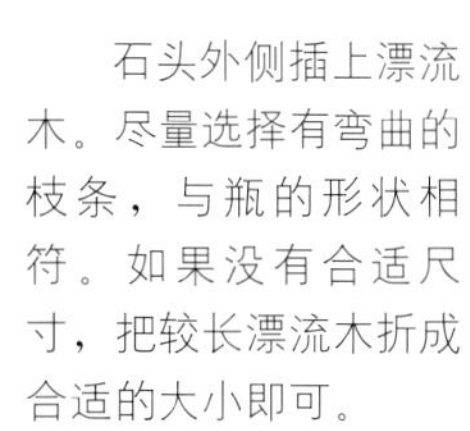

4

留意水流角度来布置鹅卵石。此处想在中间位置造出条小路，因此，鹅卵石尽量布置在外侧。瓶口口径小，高度高的容器，用长镊子非常方便。

前面摆放大石头，后面摆放小石头，就会产生纵深感。

5

石头外侧插上漂流木。尽量选择有弯曲的枝条，与瓶的形状相符。如果没有合适尺寸，把较长漂流木折成合适的大小即可。

6

漂流木用石头夹住、小路上边造出拱形感觉。

7

缓慢倒入水，使水溢出，直至清透为止。把水浇到大石头上，不会溅起沙土。

8

一根手指插进去把水溢出，降低水位，以便栽植水草。

◎ 漂流木在加水之后再插也行，但某些漂流木会受浮力干扰，此处先把漂流木插上去。

正面

后面

9

在石头外侧、漂流木缝隙处栽植水草。在正面视角的左侧把越南胡麻草一株株栽植上去，然后把叶子方向整理好。

10

在其旁边将豹纹丁香一株株栽植上去。

11

正面视角的右侧，把针叶皇冠草一株株栽上去，便大功告成了。

作品25 可成为室内亮点，非常有存在感的礼物

栽植11种水草的华丽水族杯，最适合作为特别日子的礼物赠送。水族杯较高，也适合冷餐会等。

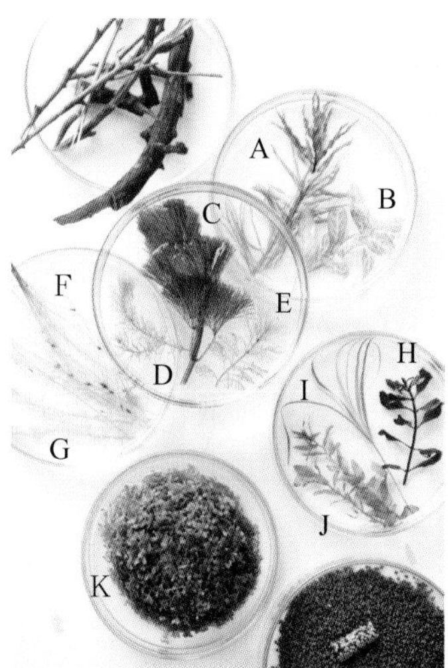

主要材料

土（褐色）

固体肥料

水草（A=龙卷风叶底红、B=小狮子草、C=红色水盾草、D=狐尾藻、E=日本绿千层、F=大莎草、G=绿松尾、H=水丁香属超红草、I=赤焰灯心草、J=青蝴蝶、K=大叶珍珠草）

容器尺寸

直径18厘米×高40厘米

第二篇 通过瓶碗栽培建立与植物的新关系

Terrarium

讲师：**中山 茜**

在玻璃容器中打造一个庭院式的空间，这种植物栽培艺术一般被称作瓶碗栽培（terrarium），原本起源可追溯到19世纪上半期。1829年，在英国伦敦，一位叫纳撒尼尔·巴格肖·沃德（Nathaniel Bagshaw Ward）的英国医生兼园艺家偶然发现在一个密闭的玻璃容器中，植物即使长时间不浇水也能生长。于是这种小小的玻璃容器就逐渐被称为“沃德箱（亦有翻译版本称‘华德箱’）”。

于是终于盆栽与玻璃瓶结合起来发展为瓶碗栽培。将传统的瓶碗栽培引入生活中，自成一派，乐趣无穷。在此，我在玻璃容器中栽植多肉植物与空气草，进而再布置一些矿物等自然物质在内。

与以往的盆栽不同，其中亦有别样乐趣。

中山茜老师以图中植物（多肉植物）及自然物（水晶或玛瑙）的组合为主题，提出独特的瓶碗栽培方案。欢迎来到茜老师的星球世界。

瓶碗栽培所需的材料及工具

此个作品中，种植了多肉植物与空气草，选种植物不同，所用土壤种类也会发生变化。此处介绍下用于两种植物的基本材料及工具。另外，瓶碗栽培是小盆栽，土少一点也没关系，但之后移栽也要用到，所以剩下的土可留作备用，之后用起来很方便。

玻璃容器

基本上使用透明的玻璃容器。可以灵活运用身边的玻璃容器，要结合植物具体气质来选用合适的容器，成品会非常精致时尚。

多肉植物

植物体内蕴含水分，茎和叶或厚、或圆润。身姿各式各样，都非常可爱。

空气草

因其没有土也能长大，故而得此名。从美国南部到中南美地区都是它的故乡。又叫空气凤梨，凤梨科植物。

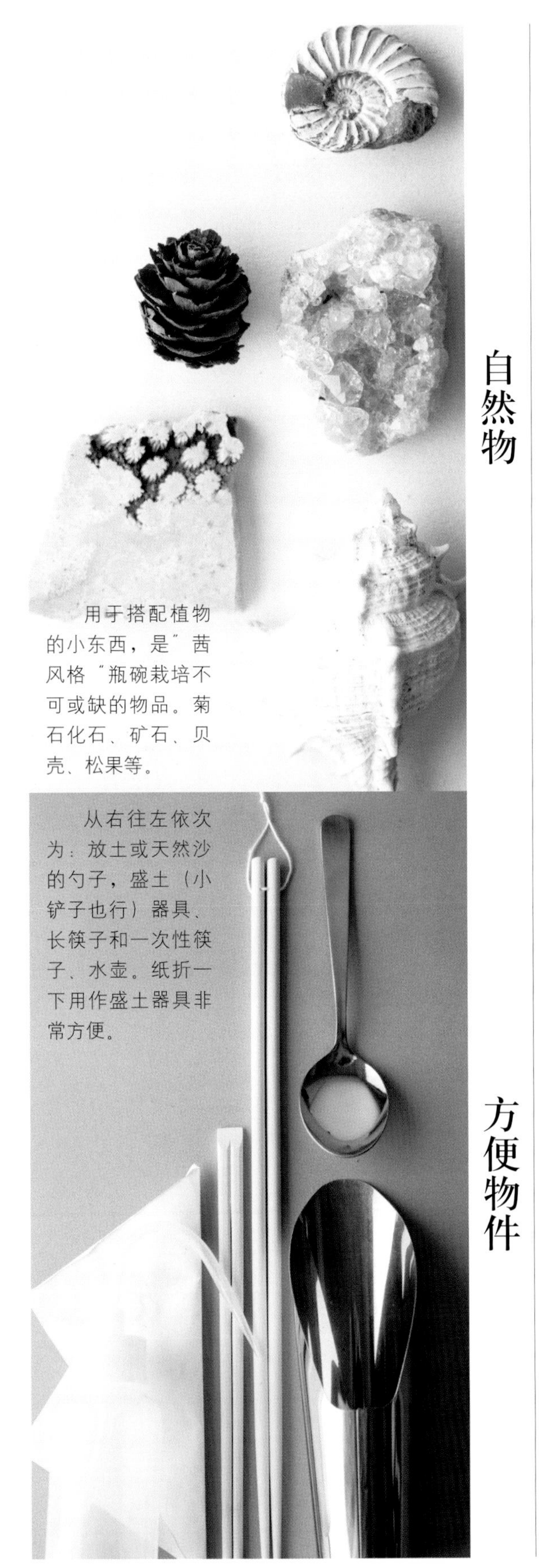

自然物

用于搭配植物的小东西，是"茜风格"瓶碗栽培不可或缺的物品。菊石化石、矿石、贝壳、松果等。

方便物件

从右往左依次为：放土或天然沙的勺子，盛土（小铲子也行）器具、长筷子和一次性筷子、水壶。纸折一下用作盛土器具非常方便。

基本土

用来种植多肉植物的四种土。从上到下为浮石（大颗粒）、红玉土（中号大小的颗粒），依次加入用来栽植仙人掌及多肉植物的土，防止根部腐烂的防腐剂（左下硅酸盐白土）。

化妆沙

珊瑚沙、小木块等，都是为了让土的表面更漂亮的化妆沙。右边的两种（褐色和白色）遇水凝固，所以浇水也可以。

简单的玻璃容器中，栽植着小小的植物，这就是瓶碗栽培。
瓶碗栽培与盆栽最大的不同是
容器底部没有盆底孔，
故而通风性能受限，
所以适合喜湿植物（蕨类及苔藓等）
或喜干植物。
这里选择了喜干的多肉植物。
储存在雨期吸收的水分以度过干旱期的多肉植物，
与一般植物相比，管理起来更简单，
对初学者来说也更容易操作。
虽说如此，但毕竟是植物，因此适度的光照、通风及浇水是必需的。
让我们边学习这些多肉植物的基本知识，
边来开启与植物共同生活的一段新时光吧。

第 一 章

激发好奇心的特别空间

植物搭配不同玻璃容器，瓶碗栽培的成品印象会大变样。
若有喜欢的玻璃容器，
要选用与它相适合的植物，
或是有喜欢的植物，
则要选用与之相适合的容器。
植物被玻璃容器恰好包覆着，
所以也不用担心天然沙洒落，
可装饰任意场所，挪动起来也很简单。

✳ 制作方法参考第82页

在大型玻璃容器中栽植一株多肉植物，简单瓶碗栽培，赏味余白之美

作品❶

◎ **主要材料**

A=多肉植物（十二卷属 龙城）

B=浮石（大颗粒）

C=红玉土（中颗粒）

D=仙人掌与多肉植物所用土

E=防止根部腐烂的防腐剂

F=化妆沙（白色）

◎ **容器尺寸**

直径9厘米×高12厘米

最后放入的化妆沙，其白色令人神清气爽。

你想打造什么感觉，就选用什么样的化妆沙。

1

加入浮石，能盖住容器底部的量即可。加入浮石是为了确保透气性。

2

加入红玉土以填埋缝隙。

◎加入红玉土为了从侧面看土的层次更美观，也可省去。

3

接着加入仙人掌与多肉植物所用土。加入土的量会因容器大小而变化，以到容器高度的1/3处为准。

4

加入适量土后，用小勺使中心位置凹下去，以便栽植多肉植物。

加土基本事项

本书中介绍的加土方法，是按照浮石、红玉土、仙人掌与多肉植物用土这个顺序加入的。为了从旁边看时，能观赏土的层次而花心思设计一番。仙人掌与多肉植物所用土市面上有售卖，比较讲究的也可以自己掺混。基底土加到容器的三分之一高度即可。之后还会添加土，一开始少加点就好。

5

把植物从花盆中移除，用手指把根上附着的泥土弄松动，同时稍微弄掉些土。

6

用一次性筷子（镊子也行）夹取植物放到要栽植的位置，另一只手扶住植物栽于土中。

如何给多肉植物浇水

浇水时，使用小出水口的水壶，这样泥土不会溅起。

多肉植物形态新奇、色彩鲜艳，为了在干燥的环境中活下去，其根茎及叶片等肥大化。种类不同，习性相异，有喜干，也有稍微喜湿的。生长期分为“春秋生长”“夏天生长”“冬天生长”三种类型，除此之外的时间处于休眠状态，有的几个月都不用浇水，购买时要确认好属于哪种类型。基本上要少浇水，等叶片起皱或是土壤完全干燥后，再浇水。栽植到玻璃容器中，也便于观察土壤状态。浇水要缓慢，浇到根部浸湿的程度，并暂时把它放到通风的地方。

一只手扶住植物头部，植物就不再晃动。

7

长方形纸沿对角线折叠，制成"纸铲子"。也可直接培土，但纸做的铲子不易洒落，狭小的空间也容易把土添进去。

8

用小勺把土放到"纸铲子"中间。

9

把土一点点培在植物周围。

10

用一次性筷子快速捶捣土的表面，使根与土之间没有缝隙。土不够时可以再添，用一次性筷子把整体弄稳固。

俯视植物，白土中的植物宛若镶嵌在画框中一般。因为被玻璃包围，土不会洒出，摆在任何地方作装饰都很安心。左边的多肉植物是小米星。

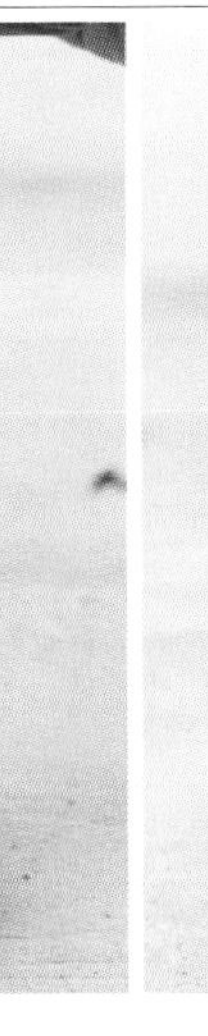

11

加入防止根部腐烂的防腐剂。

12

旋转玻璃杯，同时放入化妆沙。化妆沙要把表面全部覆盖，不留空隙。

13

一次性筷子垂直放入快速捶捣表面，使化妆沙稳固，然后便大功告成。

◎一般盆栽的话，最后要浇足够水，多肉植物则不用马上浇水。一周左右看它的长势如何吧。

结合植物形状选择容器

下垂生长的植物放入高瓶身的玻璃容器中

作品❷

◎ **主要材料**

Ⓐ=多肉植物（丝苇·青柳）
Ⓑ=浮石（大颗粒）
Ⓒ=赤玉土（中颗粒）
Ⓓ=仙人掌与多肉植物用土
Ⓔ=防止根部腐烂的防腐剂
Ⓕ=化妆沙（白色）

◎ **容器尺寸**

长径9厘米×高14厘米

使用有深度的玻璃容器时，整理土时用长筷子比较方便。栽植方法与82~85页操作步骤相同。因为是异形容器，土加至手柄下方整体会看起来较协调。

使用厨房小物件之玻璃水壶制作的瓶碗栽培作品，很适合厨房周围或餐桌。忙碌的早上，也能被柔和的淡绿色植物治愈。

作品❸

下垂型多肉植物，垂吊下来有种浮游感

此种造型平面摆放或是吊于空中均可，因是下垂型植物，我想吊起来赏玩。由于这个器皿造型独特，很有存在感，垂于窗边也是室内装饰的一大亮点。此处为搭配瓶口绳子，化妆沙选用了木块，衬托些许野性美。

◎ **主要材料**

- Ⓐ=多肉植物（京童子）
- Ⓑ=浮石（大颗粒）
- Ⓒ=赤玉土（中颗粒）
- Ⓓ=仙人掌与多肉植物用土
- Ⓔ=防止根部腐烂的防腐剂
- Ⓕ=木块

◎ **容器尺寸**

长径14厘米×高26厘米

水滴形的独特玻璃器皿，侧面有口可进出。此处用小勺加土，栽植植物。

作品④

镶有边饰的漂亮玻璃容器中，用细细的珊瑚沙塑造优雅形象

用化妆沙提升形象

表面配上白色珊瑚沙，变得越发漂亮。艺术品般的仙人掌盆景，侧观或俯视均韵味无穷。

◎ 主要材料

A=多肉植物（圣王丸）

B=浮石（大颗粒）

C=赤玉土（中颗粒）

D=仙人掌与多肉植物用土

E=防止根部腐烂的防腐剂

F=珊瑚沙（白色）

◎ 容器尺寸

长径9厘米×高13厘米

仙人掌是茎部发达的多肉植物代表。其中大部分叶子刺样变化，防止水分蒸发，土干燥之后约1周浇水，浇到根部湿透的程度。

作品❺

用烧杯作容器，黑色化妆沙酷感十足

实验中使用的烧杯作为瓶碗栽培的容器也非常受欢迎。宽口径，很有安稳感，易于栽植。选择稍显坚实形状的植物，用黑色土打造酷感风格，也适合作为送男士的礼物。

◎ **主要材料**

A=多肉植物（小龟姬）
B=浮石（大颗粒）
C=赤玉土（中颗粒）
D=仙人掌与多肉植物用土
E=防止根部腐烂的防腐剂
F=珊瑚沙（黑色）

◎ **容器尺寸**

长径9.8厘米 × 高12厘米

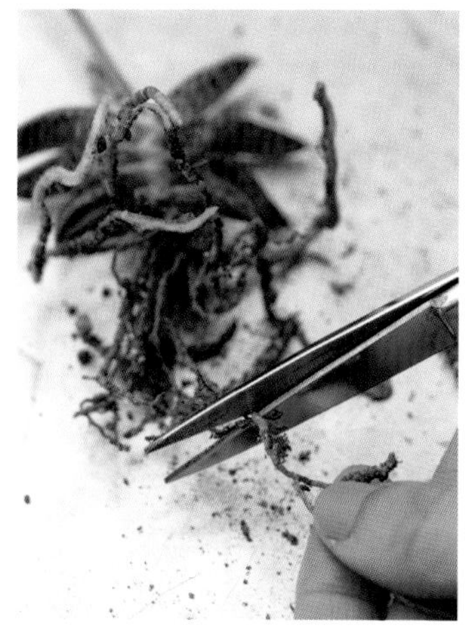

若根部太长，需修剪后栽植。

小贴士
关于矿物

矿物是石头的一种，自从地球在宇宙中形成就一直存在，构成了地球表层及地壳，为动植物提供了宜居环境。不同于被打磨得华美无比的宝石，矿物含有瑕疵与杂质，保持着其天然美。在书中介绍的矿物大多数在杂货店几十元钱就能购买到。

第二章

知性气质的上品造景

~自然物的造型美~

质感通透的植物（玉露）配以透明感的自然物质显得异常娇艳水灵。自然矿物为D=萤石，E=水晶、F=方解石等。

草绿色植物（青锁龙属小米星）搭配亮色或绿色系自然矿物，非常清爽。
自然物为：A=山毛榉果皮、B=孔雀石、C=玛瑙（染色作品）等。

仔细观察多肉植物，就会发现它的形状不可思议。叶子形状或是成螺旋形，或是左右对称，或是十字形重叠。就仙人掌来说，我发现很多呈工整的正多边形。这种造型美，是矿物及化石、贝壳、树木果实等之间共同拥有的，它们都是经过长时间塑造且人工无法比拟的独有自然产物。下面让我们来挑战这些植物与自然物相搭配的瓶碗栽培吧。

叶形锋利的植物（十二卷属 龙城），用单色自然物搭配，很棒很酷。
自然物为G=水晶及锰重石的共生矿，H=黄铁矿、I=烟水晶。

柔和色调的植物（雷神阁），搭配清爽系泛白自然物，彼此的自然气息很适合。
自然物为O、P=贝壳、Q=海胆化石。

秋色系叶子，是给人印象非常深刻的植物（伽蓝菜属，仙女之舞），搭配暖色系非常漂亮。
自然物为J=贝壳、K=萤石、L=钙铝榴石、M=日本落叶松松果、N=胡桃果壳。

享受植物与自然物混搭的乐趣

通过用心搭配颜色、设计形象，完成品格外漂亮。搭配自然物的关键是，从正面看，要避免各事物重合。植物+搭配两三件事物即可完成，如此作品也易协调完成。然后，将贝壳及矿物等置于可以衬托出其形状的角度。另外，只需改变自然物角度，植物印象即可发生变化，当你想重新布置时，就尽情去做吧。

◎ **植物**

稍大的两片叶子是令人印象深刻的多肉植物，小公子。

◎ **自然物**

漂亮的鲜艳蓝色结晶水硅钒钙石。

◎ **其他**

浮石（大颗粒）、红玉土（中颗粒）、仙人掌及多肉植物用土、防止根部腐烂的防腐剂、化妆沙（褐色）。

◎ **容器尺寸**

直径7.3厘米×高13厘米

作品❻ 透明感的石头与水晶营造优雅气氛

扁平状安稳感容器中布置的是叶尖有透明感的植物与结晶漂亮的水晶。容器表面较敞阔，可以品味余白之美。

作品❼ 容器、植物、自然物均讲究形式美

玻璃容器瓶身有异形元素的独特形状，植物也像日式短布袜，形状有趣，矿物挑选也重视形状。褐色系化妆沙也非常漂亮有品位。（制作方法见第94页）

◎ 植物

色素脱落有点泛白的多肉植物、白桦麒麟。

◎ 自然物

形状有趣的漂流木，卷贝形状的菊石化石。

◎ 其他

浮石（大颗粒）、红玉土（中颗粒）、仙人掌及多肉植物用土、防止根部腐烂的防腐剂、化妆沙（褐色）。

◎ 容器尺寸

直径7厘米×高21厘米

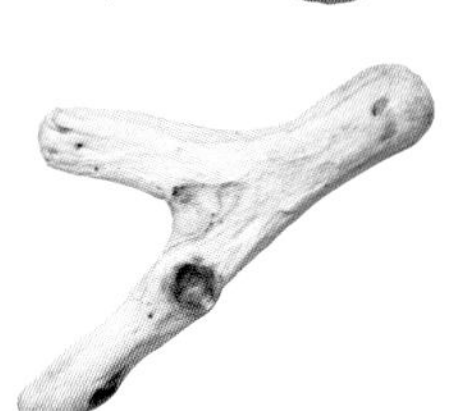

作品8 仙人掌与菊石化石打造远古气息

结合颜色不可思议的多肉植物形象，布置菊石化石与漂流木。表面覆以细颗粒化妆沙，沙漠感扑面而来。带盖子的玻璃瓶防止水分蒸发，平时盖子是打开着的。

◎ 植物

略带青色的柱状仙人掌龙神木，会快速窜高。

◎ 自然物

卷贝与鱼眼石，鱼眼石因表面辉泽类似鱼眼而得名。鱼眼石颜色多样。

◎ 其他

浮石（大颗粒）、红玉土（中颗粒）、仙人掌及多肉植物用土、防止根部腐烂的防腐剂、化妆沙（褐色）。

◎ 容器尺寸

直径8厘米×高15厘米

作品9 全体淡色调，典雅柔和

植物的绿色搭配自然物的米色，淡绿色组合将颜色收敛形成柔和的淡色调。搭配白色化妆沙显得非常清爽。

作品❻

作品的制作方法

（成品见92页）

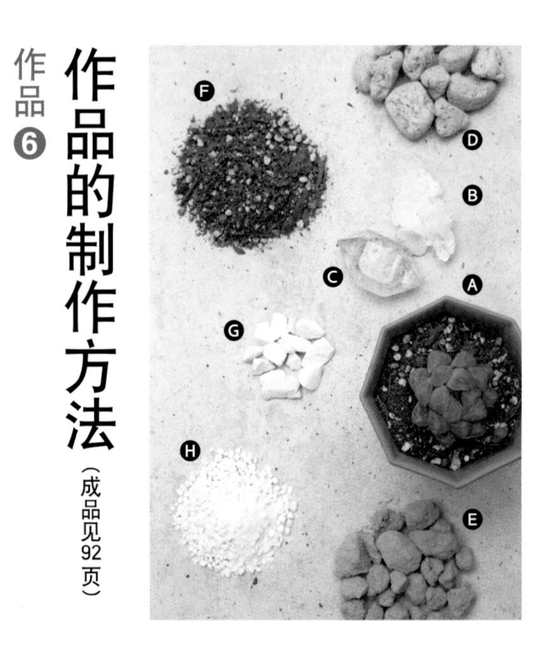

◎ **主要材料**

Ⓐ=多肉植物（玉露）

Ⓑ=水晶簇（在一块叫母岩的石英上，聚集许多柱状水晶的丛簇）

Ⓒ=双尖水晶（一般水晶为单端六棱柱尖状，而这个为两端尖状）

Ⓓ=浮石（大颗粒）

Ⓔ=红玉土（中颗粒）

Ⓕ=仙人掌及多肉植物用土

Ⓖ=防止根部腐烂的防腐剂

Ⓗ=化妆沙（白色）。

◎ **容器尺寸**

直径11.5厘米×高95厘米

淡绿色植物配以透明感矿物，二者非常适合。颜色与质感相一致是关键点。

1

加入浮石至覆盖容器底部，然后加入红玉土，用小勺整理平整。

2

加入土。

3

用小勺把表面的土整理平整，从玻璃容器正面看，确定植物栽植位置之后，把栽植位置弄凹下去。

4

把植物从花盆里移出来，把附着于根部的土稍微松动一下。

5

在之前想定的位置上栽植植物。如果想让植物从侧面便能看到正脸，栽植时稍稍前倾即可。

6

两个矿物先布置看看，再确定最终布置方案。在此植物与矿物共用了三个，从上往下俯视三点呈三角形较协调。

7

暂时把矿物移除，添上土以稳固植物。

8

用一次性筷子快速捣土，把土填实不留空隙。

9

表面整体撒上防止根部腐烂的防腐剂。

10

撒上化妆沙，以把防止根部腐烂的防腐剂盖住，用一次性筷子快速捣土，整理平整。

11

布置上矿物水晶。直接放上去即可，如果能插进去会更稳固。

12

大功告成。通过与矿物的搭配，开启与植物的新关系。

粘贴标签，标明分类，如标本盒一般

正因为是植物与自然物的结合才相得益彰

小贴士

搭配自然物的瓶碗栽培要特别注意放置场所及浇水事项。矿物或化石中，也有怕水或阳光直射会变色的，这种要用口径较小的水壶，尽量避免水溅到自然物。不耐光照的要尽量少置于太阳底下暴晒。

植物与自然物相结合的四件瓶碗栽培作品。在完成后的作品上尝试贴上了标签。仅此而已，却总觉得有种特别的感觉，觉得他们成了我非常重要的宝物。

标签还是讲究手工制作，制作出合乎相应玻璃容器气质形象的标签。写在标签上的内容为植物学名以及自然物名称、原产地等信息。通过查阅这些东西有何特征，自然而然就对植物及自然物产生爱恋了。了解这些基本性质也是赏味瓶碗栽培的一种途径，真是一举两得。另外，在第16章（第130~135页）中，将介绍瓶碗栽培可作为礼物赠送别人，作为礼物标签也是必不可少的。除了名字，再附上浇水等注意事项会更贴心。

第三章

借助瓶碗栽培畅游文字世界

瓶碗栽培，在小小的玻璃容器中，
可以讲述各种各样的故事。
小说或电影中的一个场景，乐曲的歌词等，什么东西都可以。
写出自己想表达的关键词，
发挥想象力，把这个关键词
具象到瓶碗栽培的世界中。
以圣埃克苏佩里的《小王子》为例，
借助瓶碗栽培来体现文字世界的乐趣吧！

为了用瓶碗栽培来表现《小王子》这部儿童小说，我们需要刻画如下形象：

1. 颜色为红色
2. 形状为玫瑰、凹凸、圆
3. 质感为干燥感

这个球形就是以上述内容为素材而制作的瓶碗栽培作品。
不觉得它就像我与小王子在沙漠中谈话吗?

✳ 《小王子》的制作方法及故事梗概请参考第100页。

作品❼

球形玻璃容器就像小王子住的那个小星球。多肉植物就像倔强的玫瑰，凹凸的珊瑚用来刻画火山

◎ **主要材料**

A=多肉植物（长生草属红色酋长）
B=珊瑚化石
C=霰石
D=海星
E=沙漠玫瑰石（模拟沙漠玫瑰）
F=浮石（大颗粒）
G=红玉土（中颗粒）
H=仙人掌及多肉植物用土
I=防止根部腐烂的防腐剂
J=化妆沙（白色）
K=细砂

◎ **容器尺寸**

直径14厘米×高14厘米

1

手掌托住玻璃容器，用小勺把浮石加进去（覆盖底部的程度）。

2

接着加入红玉土，用小勺好好整理平整。

3

然后培土工具把多肉植物用土加进去。

4

用小勺把表面整理平整。

小贴士

《小王子》故事梗概

飞行员的“我”，因飞机发生故障而被迫降落在撒哈拉沙漠。第二天，遇见了一位少年（小王子），他来自另一个星球。据小王子说，他所在的星球，只有家那么大的地方，有三座小火山与巨大的猴面包树的幼芽，还有一颗从其他星球飘过来的种子——她后来开了花，一朵自尊心很强的玫瑰花。小王子非常珍爱这朵花，有一天与玫瑰花产生了矛盾，于是他出去旅行，要看看其他星球。小王子到访几座小行星，在那里见到了形形色色的人，但不管到哪，尽是些古怪的大人。于是在第六座星球上，受地理学家的劝告，他飞向了第七座星球——地球。在地球上的邂逅与体验，让小王子懂得，开在自己星球上的那朵玫瑰花，才是真正无可替代的唯一，于是决定回到自己的星球。在回去的途中，遇见了飞行员的“我”。最后小王子成功回到了他的星球。

5

把像红色玫瑰的植物（长生草属红色酋长）从花盆中移除，把附着于根部的土稍微松动。

6

把要布置在容器中的东西摆放一番以确定位置，首先用长筷子夹住植物摆放好（此处约为容器中央）。

7

扶着植物头部栽植下去，用长筷子快速捣土，把土弄好使之固定。

8

“倔强玫瑰”栽植完成。

9

然后布置比拟为小火山的珊瑚化石。布置上大型主题物品，整体便很协调。

10

在刻画“玫瑰”与“火山”两个形象要素后，加入防止根部腐烂的防腐剂及化妆沙。转动容器撒化妆沙，让化妆沙尽量不要沾到植物。

11

没有加入化妆沙的地方，要用长筷子将化妆沙送入，使之表面各角落均覆盖。

12

布置上合乎沙漠印象的其他自然物（海星与沙漠玫瑰石）。

13

用竹签将进入叶缝的化妆沙除去。

15

表面撒上细沙，塑造故事发展的舞台——沙漠场景。用纸做的小铲子，即便是小角落也能把沙送得进去。

14

布置完植物与自然物，就这样也算完成了，但再花费点心思，就更接近〝小王子〞的世界了。

16

《小王子》的一个场景就此完成。小王子为了守护玫瑰不受寒冷侵袭，要把玻璃瓶盖上。这个小插曲也与瓶碗栽培意义共通。

用瓶碗栽培再现回忆与季节感

让人心情飞扬的莫不过于旅行的回忆与风景，以及刻画出季节感的事物。明确主题，容器及植物便容易选择，也自然会让人对搭配的自然物产生兴趣。

充满南国岛屿的回忆

作品❽

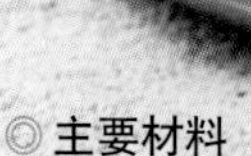

最熟悉且最好刻画的，无论怎么说也是海边风景，选择看起来最抗海风的具有稳定感的植物，用贝壳及细砂来模拟海滩。若有在海边捡的贝壳，将之布置上去会更加印象深刻。

◎ **主要材料**

- Ⓐ=多肉植物（十二卷属）
- Ⓑ=沙钱（海胆的一种）壳
- Ⓒ=珊瑚
- Ⓓ=贝壳
- Ⓔ=浮石（大颗粒）
- Ⓕ=红玉土（中颗粒）
- Ⓖ=仙人掌及多肉植物用土
- Ⓗ=防止根部腐烂的防腐剂
- Ⓘ=化妆沙（白色）
- Ⓙ=细沙

◎ **容器尺寸**

直径11.8厘米 × 高14.5厘米

刻画海边及夏季的自然物

除了植物，还有其他有助于制造气氛的自然物的小物件。除了各种贝壳，还有海星及泛白石类。颜色用白色、蓝色、绿色搭配，显得非常凉爽。

仿佛置身于安静秋天的森林中，令人心境祥和

作品❾

相对于大海及夏天，若刻画山林及秋天，则用暖色调的褐色来布置，这样秋天的感觉就很容易塑造。表面的化妆沙选用褐色，布置类似红叶的植物。为了避免同色系彼此消融隐没，可以添置菊石或水晶等质感不同的自然物。

刻画山林及秋天的自然物

树木果实、松果、山毛榉果皮等彼此很好搭配。颜色以褐色系及米色系为基础，搭配泛白或略带粉色的东西，突出变化。

◎ **主要材料**

- Ⓐ=多肉植物（仙女之舞）
- Ⓑ=激光柱子水晶（细长水晶结晶）
- Ⓒ=菊石
- Ⓓ=浮石（大颗粒）
- Ⓔ=红玉土（中颗粒）
- Ⓕ=仙人掌及多肉植物用土
- Ⓖ=防止根部腐烂的防腐剂
- Ⓗ=化妆沙（褐色）

◎ **容器尺寸**

直径9.8厘米×高12厘米

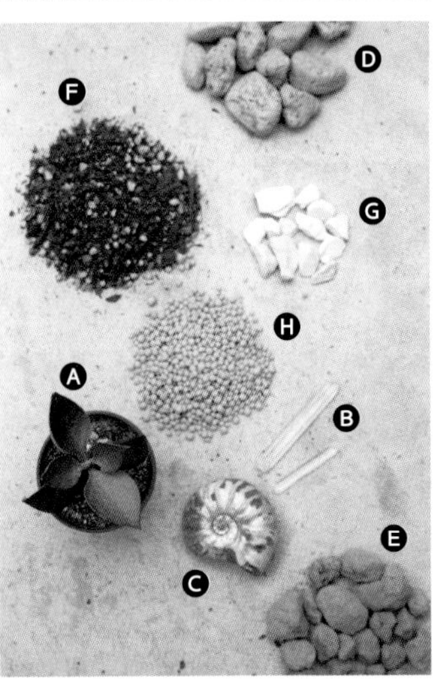

在八片略细长型的三角形构成的八面体容器中，布置植物与自然物。与之前介绍的圆柱状玻璃容器风格有所不同，但是容器风格就很有跃动感，非常有趣。选择俯视呈星形的多肉植物（翡翠殿），更增添几何气息。搭配的自然物是名为萤石的矿物，萤石色彩丰富，从无色透明到绿色、紫色、黄色、青色均有存在。这种矿物，结晶性状多为立方体，其中也有正八面体，萤石切割时可切成八面体。这份瓶碗栽培作品，从容器、植物到自然物都充满几何气息。

✳ 制作方法见第108页。

第四章

多面体、更时尚！

日常玻璃容器即可轻松开启瓶碗栽培，但若重视容器选择，那只属于自己的小星球天地会更广阔。

此处介绍的是由玻璃组成的多面体容器。几何学气息浓厚的多面体，是由平面构成的立体，没有瓶子般的圆润元素，只有直线特有的匀整划一，这种漂亮的形状极具魅力。在这具有特别感觉的容器里，搭配好植物与自然物，有种物体艺术的感觉，也可作为室内陈设来赏味。吊多面体的框架，在光线照射下，其影子也非常漂亮。吊起来，经光线反射，室内光影斑驳，甚是可爱。

从上往下俯视，三角形中看到一个五角星，真是一个不可思议的小小世界。

作品⑩

有效发挥八面体的独特性，选择素材，玩转几何学世界

◎ **主要材料**

Ⓐ=多肉植物（翡翠殿）
Ⓑ=萤石
Ⓒ=浮石（大颗粒）
Ⓓ=红玉土（中颗粒）
Ⓔ=仙人掌及多肉植物用土
Ⓕ=防止根部腐烂的防腐剂
Ⓖ=化妆沙（黑色）

◎ **容器尺寸**

18厘米×20厘米×高9厘米

平面放置型八面体容器。口径虽为三角形但较大，因此，很好栽植植物。市面上售有各式各样的多面体容器。

1

容器中依次放入浮石、红玉土、仙人掌及多肉植物用土。

2

用勺子将表面整理平整，栽植植物的位置（此处为容器中央）稍微弄凹下去。

3

把植物从花盆中移出，附着于根部的土稍微松动。此时若有干枯的叶子，要把它摘除。

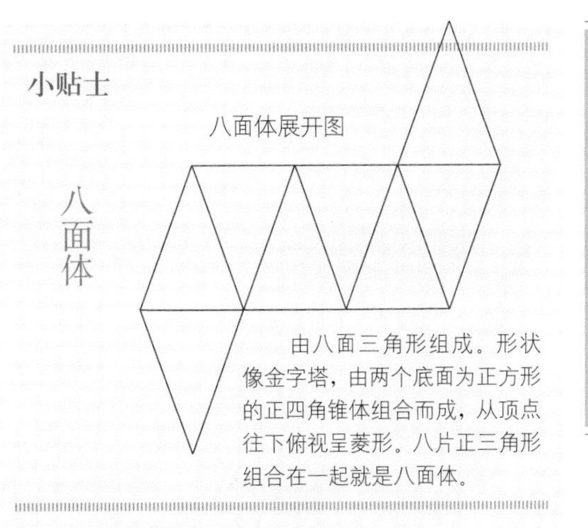

小贴士

八面体

由八面三角形组成。形状像金字塔，由两个底面为正方形的正四角锥体组合而成，从顶点往下俯视呈菱形。八片正三角形组合在一起就是八面体。

4

栽植植物，用手扶住植物头部使之不来回摆动，在其根部培上土。

5

整体都稍添点土。用纸铲子方便把土加到各个角落。

6

土加进去之后，用长筷子捣土，土要培好不留空隙。边旋转容器边捣土较方便。

7

在植物周围撒上防止根部腐烂的防腐剂。

8

用纸铲子撒化妆沙使整个表面都被覆盖。这里也是一边旋转容器一边添加比较轻松。不好撒的角落，用一次性筷子送进去。

9

布置自然物（此处布置两件），之后便大功告成。

以五角形为主题的正二十面体容器，搭配仙人掌与海星，刻画星星形象

作品⑪

五种正多面体中，面数最大的为正二十面体。无论从哪个角度看都是匀整划一的立体，让人不禁陶醉。把这个正多面体的顶点置于面前，五个正三角形看上去呈星形。在此就取这点，设计一款瓶碗栽培作品，搭配五个棱边（从顶部至根部的隆起）的仙人掌及五角星状的海星，让人联想起天上的星星。再配上深色玛瑙片，宛若星空。

◎ **主要材料**

Ⓐ=多肉植物（鸾凤玉）

Ⓑ、Ⓒ=海星

Ⓓ=玛瑙

Ⓔ=浮石（大颗粒）

Ⓕ=红玉土（中颗粒）

Ⓖ=仙人掌及多肉植物用土

Ⓗ=防止根部腐烂的防腐剂

Ⓘ=化妆沙（黑色）

◎ **容器尺寸**

18厘米×18厘米×高18厘米

小贴士

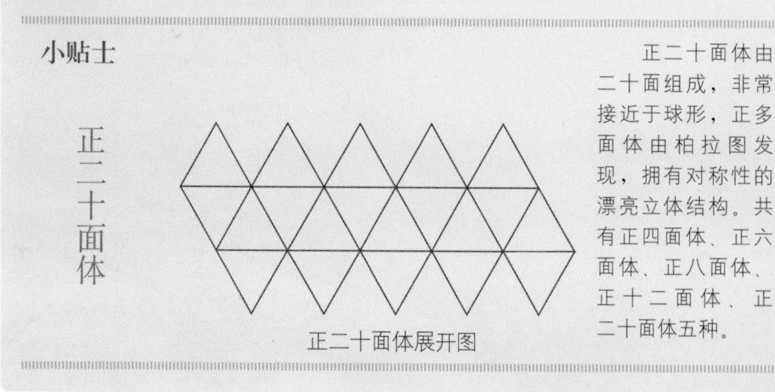

正二十面体展开图

正二十面体由二十面组成，非常接近于球形，正多面体由柏拉图发现，拥有对称性的漂亮立体结构。共有正四面体、正六面体、正八面体、正十二面体、正二十面体五种。

透明植物与水晶为主题，展现透明感之美

作品⑫

选用原创的玻璃容器，如实再现水晶的结晶结构。与之相搭配的植物是与水晶有共通之处的，叶端有透明感的多肉植物，自然物选用水晶这一矿物，使得成品更具透明感。

◎ 主要材料

- Ⓐ=多肉植物（十二卷属 花镜）
- Ⓑ=石英（石英与水晶的统称）
- Ⓒ=激光柱水晶
- Ⓓ=浮石（大颗粒）
- Ⓔ=红玉土（中颗粒）
- Ⓕ=仙人掌及多肉植物用土
- Ⓖ=防止根部腐烂的防腐剂
- Ⓗ=化妆沙（白色）

◎ 容器尺寸

9.5厘米×20厘米×高9.5厘米

小贴士　水晶的结晶性状

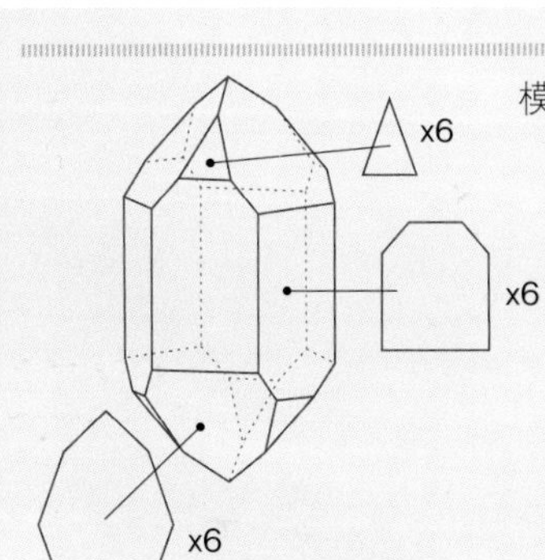

模拟水晶结晶构造的容器部件

石英（二氧化硅结晶而成的矿物）中无色透明的即为水晶。其结晶（原子或分子按一定的空间次序排列而形成的固体）为端部尖尖的六角柱。图中的容器即模仿其结构而制，由三种部品共十八片组成。

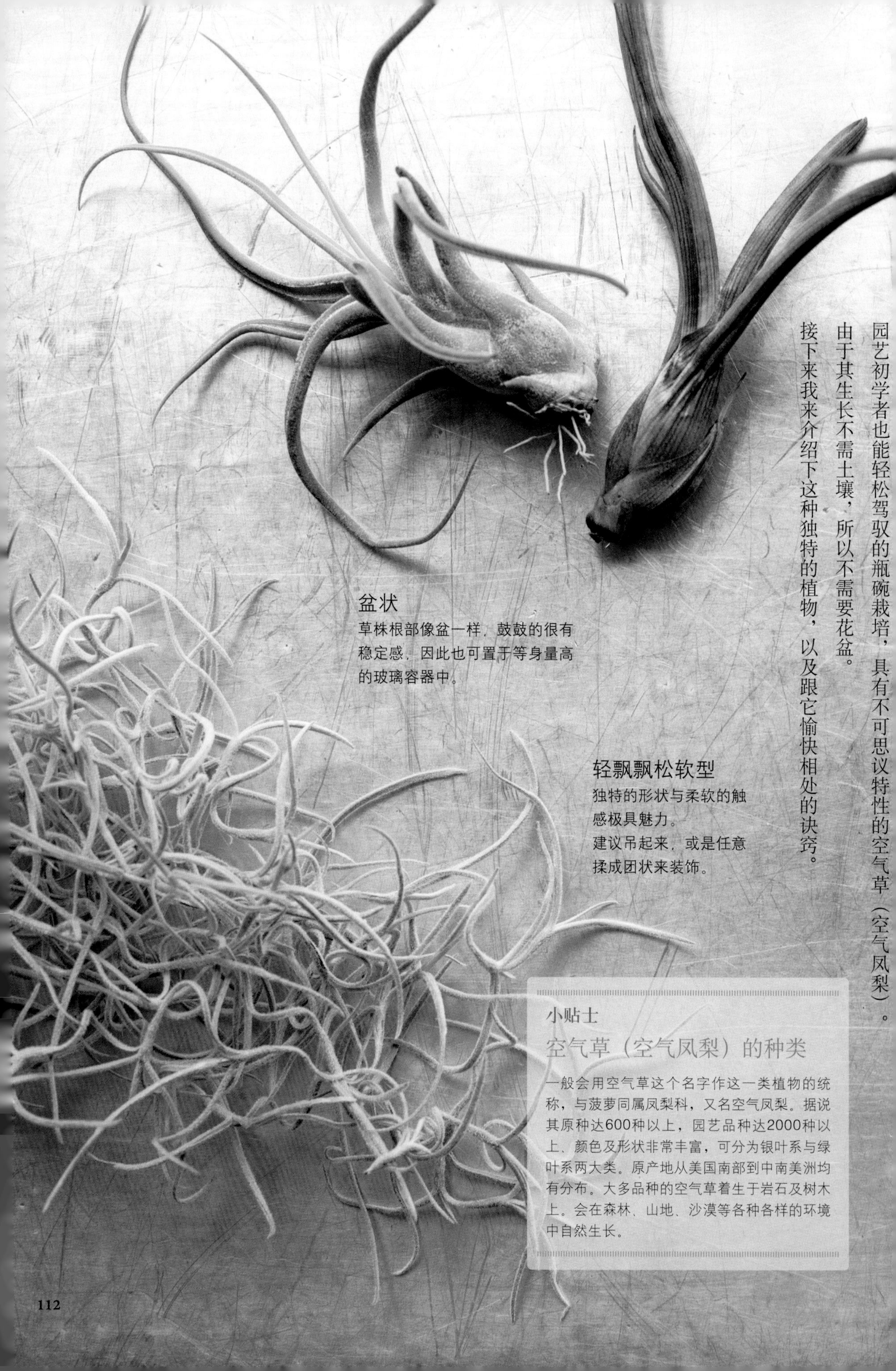

园艺初学者也能轻松驾驭的瓶碗栽培，具有不可思议特性的空气草（空气凤梨）。由于其生长不需土壤，所以不需要花盆。接下来我来介绍下这种独特的植物，以及跟它愉快相处的诀窍。

盆状

草株根部像盆一样，鼓鼓的很有稳定感，因此也可置于等身量高的玻璃容器中。

轻飘飘松软型

独特的形状与柔软的触感极具魅力。
建议吊起来，或是任意揉成团状来装饰。

小贴士

空气草（空气凤梨）的种类

一般会用空气草这个名字作这一类植物的统称，与菠萝同属凤梨科，又名空气凤梨。据说其原种达600种以上，园艺品种达2000种以上，颜色及形状非常丰富，可分为银叶系与绿叶系两大类。原产地从美国南部到中南美洲均有分布。大多品种的空气草着生于岩石及树木上。会在森林、山地、沙漠等各种各样的环境中自然生长。

第 五 章

赏味浮游感的瓶碗栽培——空气草

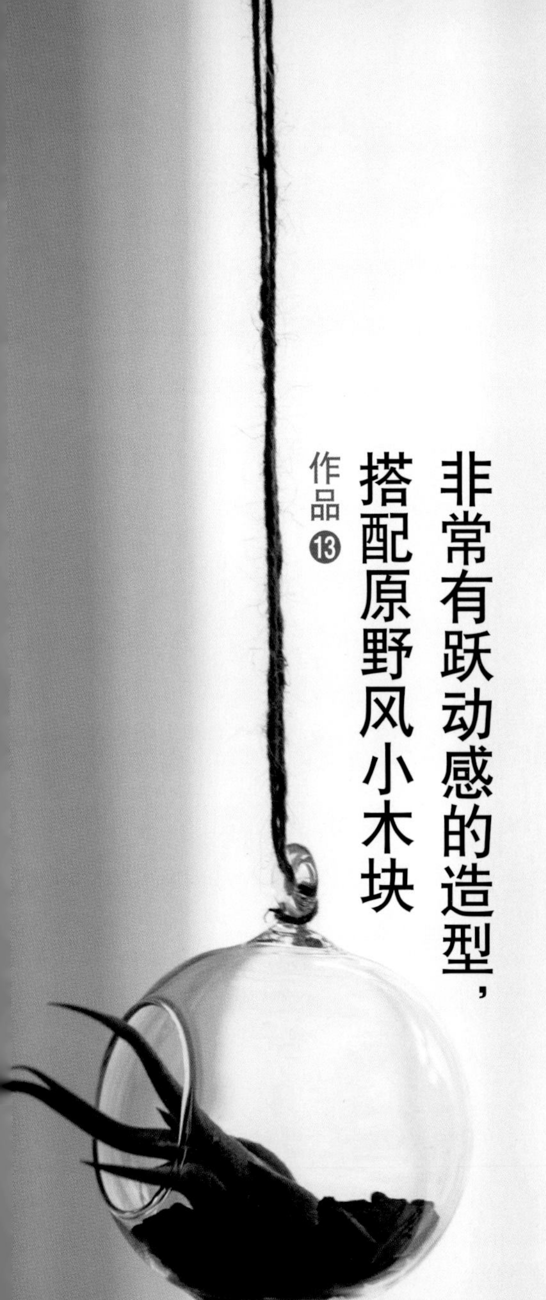

作品⑬

非常有跃动感的造型，搭配原野风小木块

作品⑭

银色的叶子搭配泛白的珊瑚石，非常柔和

◎ **主要材料**

空气草（鸡毛掸子）

化妆沙（珊瑚石）

◎ **容器尺寸**

直径8.5厘米 × 高7.5厘米

◎ **主要材料**

空气草（美杜莎，又名女王头）

与上图容器中所放空气草属同一品种，只是随植物生长形状发生了变化。化妆沙（小木块）

◎ **容器尺寸**

直径8.5厘米 × 高7.5厘米

×

○

圆形植物恰好可放进容器中。此时需从根部放入容器。如果从头部放入，叶尖朝下会弄伤植物需注意。

不需土壤的空气草自由自在舒展在空中

若要把空气草引入瓶碗栽培中，让我们先把它悬挂起来，来赏味它的浮游感吧。它喜欢通风场所，所以务必选择不带盖子的容器。虽然不需要土，但铺上化妆砂会营造出某种特别的氛围。

※市面上售有各式各样的悬挂用玻璃容器。它们也可用于种植多肉植物，里面装土时，选用开口大的即可。

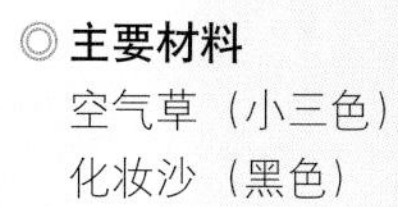

◎ **主要材料**

空气草（小三色）

化妆沙（黑色）

◎ **容器尺寸**

长泾9厘米×高22厘米

作品 ⑮

硬质类型的空气草用黑色砂显得清楚鲜明

手托住容器，用小勺加入化妆沙，表面整理匀整。化妆沙要少些，以防从开口处洒出。植物从底部送入容器，叶片尖端从开口处出来。植物放在化妆沙表面即可。

空气草浇水注意事项

日本的空气草（空气凤梨）大多都是『空气型』，它们吸收附着于叶子表面的水分，无论银叶系还是绿叶系，叶片表面均生有名为『毛状体』的绒毛，这些绒毛作用是吸收水分。空气草并非直接从空气中吸收湿气，在原产地的热带地区，雨或雾、夜雾等的存在使得植物表面湿润，进而植物从湿润的毛状体中吸取水分。因此，在室内作装饰时，必须要浇水。在此介绍下日常浇水方法。

把空气草浸入水中的方法叫“soaking”。Soaking是“soak（浸透、浸湿）”的意思。当水分不足而枯萎时，这种方法比较有效，如果生长状况良好，喷雾即可。

春季和秋季，每周浇两次左右水，冬天每月以三四次为宜。注意不要连续两天以上都是湿漉漉的状态，浇水后置于通风地方。这个是绿叶系的卡比塔塔，如右图叶子卷缩即证明水分不足。如果干到这种程度，就要通过浸水来补充水分。春季到秋季，浇水在傍晚以后进行就能长时间保持湿润，有利于植物摄取更多水分。

小贴士

空气草的放置场所

如果放在室内装饰，不拘放在哪里均可，但植物基本上都喜光。如果放在了阳光能照到的地方，要注意避免阳光直射，隔着窗帘最理想。如果是阳光无法照到的地方，要时常移到明亮的地方进行日光浴。

浇水时也要检查植物状态。根部叶子枯萎时要把那部分除去，枯萎的叶子尖端要剪掉。

1

浇水方法大致有喷雾或浸水两种。具体选哪种，要视植物具体状况而定。不喷雾，直接从水龙头处泼水也可以。浸水时，需要浸水半天左右，最长不超过8小时。若长时间浸水，植物会无法吸收，这点要注意。

2

浇水后（喷雾或浸水二者均如此），轻轻晃动，弄干附着于植物上的多余水分。喷雾的话，也可直接在浇水后，把它放回原有位置。

3

浸水的空气草，在浸好水后要摆放在箩筐中，置于通风处晾两三个小时。

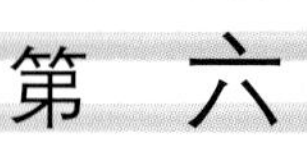

第六章

让我们窥探一番『拥有瓶碗栽培的生活』吧

谁都可以轻松开始瓶碗栽培，因其精致小巧也不挑地方，可以带到喜欢的地方去。
客厅、厨房、工作场所、亦或浴室、卫生间等都适合放置。
摆置方式也可随心而定，放置、垂吊，或是悬挂均可。
诚然，在一般家庭中，大家是如何装饰赏味的呢？
让我们来看一下大家与瓶碗栽培的相处方式吧！

植物基本上喜欢明亮、通风与湿润的场所。
即使耐干旱的植物，
也偶尔让它们晒晒日光浴。
不要阳光直射，透过窗帘或百叶窗这种柔和的光线最理想。

拥有瓶碗栽培的生活❶

与绘画或物体艺术一样，以艺术感来布置

这是在室内装饰用品店购买的，里面种植着水草，经特殊处理，每半年一次喷雾浇水即可。

空气草浇水，一周两次喷雾即可给予充足水分。轻轻把水弄干，放回原处。这种简单的照看方法，也是瓶碗栽培的魅力所在。

简单中构筑静好空间的浅野高正先生与晃世女士。

浅野先生家中的瓶碗栽培，很多都放在自然光所及的客厅与餐厅中。

天花板与墙壁皆为白色，床与家具是木质的，窗帘及沙发罩都是天然色，这是一个柔和舒适的空间。在这里生活的是浅野高正与晃世夫妇，他们追求有机的室内装饰。墙上挂着的绘画及摆放在架子上的摩登音箱及艺术摆件，瓶碗栽培置身其中，低调的点缀着空间。倒在墙上的影子随着时间段和季节发生变化，这也成为一种室内装饰。

浅野夫妇与瓶碗栽培的邂逅缘于房子的重新装修。施工公司赠送的纪念品就是瓶碗栽培。玻璃容器中的空气草漂亮时尚，正合二人口味。

直线型玻璃容器的简洁明晰，与植物不可思议的曲线形状，这个组合非常有趣，晃世女士说“与其说是植物，我觉得更像艺术品”。从那以后开始留意瓶碗栽培，一点点买齐。现在共培育七件。

高正先生说“想不到它们很没有很强的存在感，却安静地待在容器中，茁壮成长，充满生命感”，每天浇水由高正先生负责。每次与植物接触，也可以检查它们的生长状态。

瓶碗栽培之空气草（大天堂），挂到与厨房墙壁相连的一面墙上。时常变换角度，光线流转，乐趣无穷。

空气草（棉花糖）放入到黑色边框的玻璃容器中，像艺术品一般融于自然。

无需土壤的空气草（白毛毛），搭配贝壳，效果如上。

在房间各处，低调的小植物点缀其间，淡雅自然。

身边的一抹绿色会带来无穷乐趣

悬挂专用容器中的空气草。时常更换植物来转换心情。

厨房窗边上仙人掌排成一大排（上图），浴室中也摆满了绿色植物（下图）。

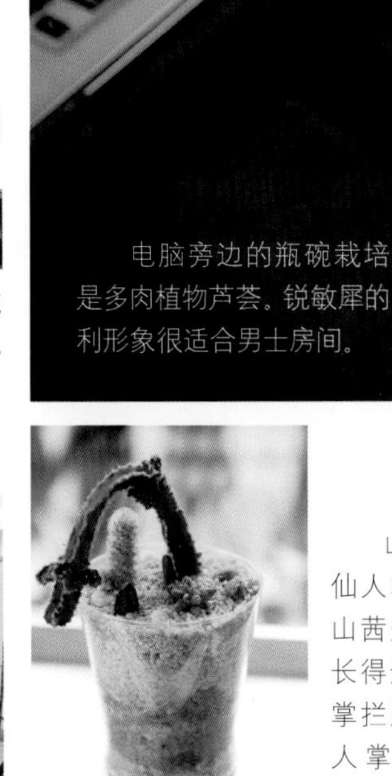

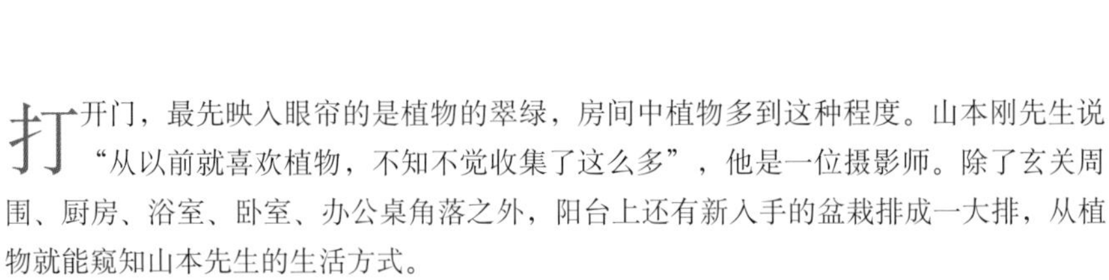

电脑旁边的瓶碗栽培是多肉植物芦荟。锐敏犀利形象很适合男士房间。

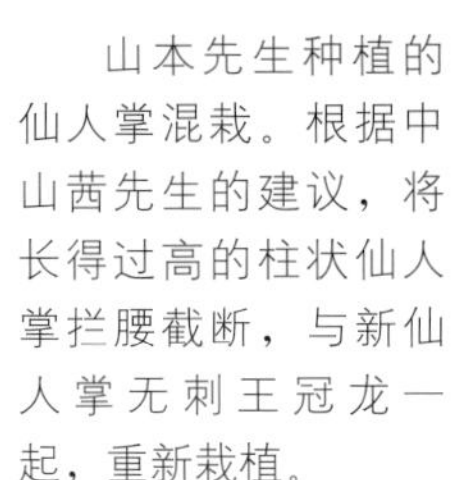

山本先生种植的仙人掌混栽。根据中山茜先生的建议，将长得过高的柱状仙人掌拦腰截断，与新仙人掌无刺王冠龙一起，重新栽植。

对于山本刚先生来讲，植物是他生活中的一部分。

打开门，最先映入眼帘的是植物的翠绿，房间中植物多到这种程度。山本刚先生说"从以前就喜欢植物，不知不觉收集了这么多"，他是一位摄影师。除了玄关周围、厨房、浴室、卧室、办公桌角落之外，阳台上还有新入手的盆栽排成一大排，从植物就能窥知山本先生的生活方式。

开始培育瓶碗栽培是在两年前。由于山本先生的工作很多时间都在用电脑，于是便想在旁边放置植物，这时候邂逅的就是瓶碗栽培。听说曾经摆放着盆栽植物，但是盆栽的砂会洒出令他烦恼不已。被玻璃容器罩着的瓶碗栽培便没有这种担忧，与盆栽相比可以更贴近自己，这点他很喜欢。"即使正对电脑，从电脑屏幕移开视线，立刻就能看到面前的小小植物。喘口气时眼睛与心都能得到休息。"

不需费事的植物，最适合忙碌的我家

拥有瓶碗栽培的生活❸

在客厅的“特等座”上，白色架子上边就是瓶碗栽培。外出时，移到窗边，隔着窗帘让它们晒日光浴。三年前，友人送的混栽植物长势很好，就是植物（胧月）长得太高了。里边是插木和叶子发出来的东西。

这是三年前的状态。作为结婚礼物，植物选用胧月、扇雀、高砂翁等，都有吉庆的象征意义。

亮太与绫子夫妇说多肉植物每天看也看不烦。上图是他们与女儿瑞季一家三口的照片。

制作干花是绫子的爱好。室内各种地方都摆饰着这种干花。

把多肉植物的叶子放在土上，之后不知觉间就会发出芽来。褐色是原本的叶子。

❶ 过了近三年，土中养分也没了，茜先生建议最好把土也换下。

❷ 加入新的土，再一株株栽植植物。植物也替换一部分，所以感觉也为之一变。

❸ 搭配的自然物也换了新，移植完成。胧月移到了别的容器中，原容器新加了魔云。

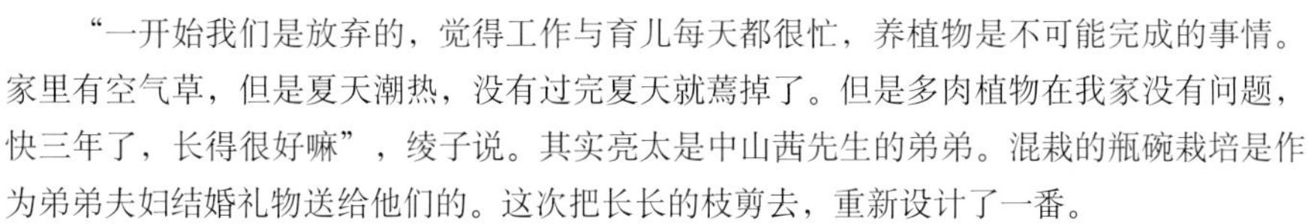

中山一家三口在一起生活，有一个一岁五个月的孩子，每天过得忙碌充实。要说房间里的植物，客厅架子上有瓶碗植物混栽，与有插木的多肉植物盆栽。置于玻璃容器中的瓶碗栽培非常有存在感，作为室内装饰，把我们的空间点缀的缤纷多彩。

“一开始我们是放弃的，觉得工作与育儿每天都很忙，养植物是不可能完成的事情。家里有空气草，但是夏天潮热，没有过完夏天就蔫掉了。但是多肉植物在我家没有问题，快三年了，长得很好嘛”，绫子说。其实亮太是中山茜先生的弟弟。混栽的瓶碗栽培是作为弟弟夫妇结婚礼物送给他们的。这次把长长的枝剪去，重新设计了一番。

第七章

重新创作与再调整

春季和秋季是很多植物生长最旺盛的季节。
把长得太长的茎部剪去，扦插叶或幼芽，
根部松土，进行分株等。
各种修理调整在这个时期进行最适合。
另外，想不进行移植而改变气氛的简单布置，也适合在这一时期进行。
所以，让我们围绕第一章中介绍的基本瓶碗栽培，
再添加自然物或小物品（模型），
挑战有四季意识的布局设计吧。

鲜亮的植物，加上牛的模型，刻画出春天的牧场

作品⑯

第一章（见第80页）中介绍的简单的多肉植物（小米星），仅搭配小物件就变身为春天形象。
联想下春天的牧场，
天气变暖走到外面的牛，
与透明感的泛黄水晶的组合
通过添加小物件，演绎一段春天的故事。

◎ **所放材料**

模型（牛）

自然物（水晶）

作品⑰ 犀利风格植物配上蓝色和白色的小物件，凉意袭人

◎ 加入材料

Ⓐ=贝壳

Ⓑ=玛瑙（经染色）

第一章（见第89页）中介绍的多肉植物（小龟姬），酷酷的瓶碗栽培。贝壳的白与矿物耀眼的蓝，用对比鲜明的小物件来表达夏天。外观给人凉爽的感觉，缓解了暑热。

作品⑱

只需布置秋天的小物件与树木果实，便打造出硕果累累的繁华秋季

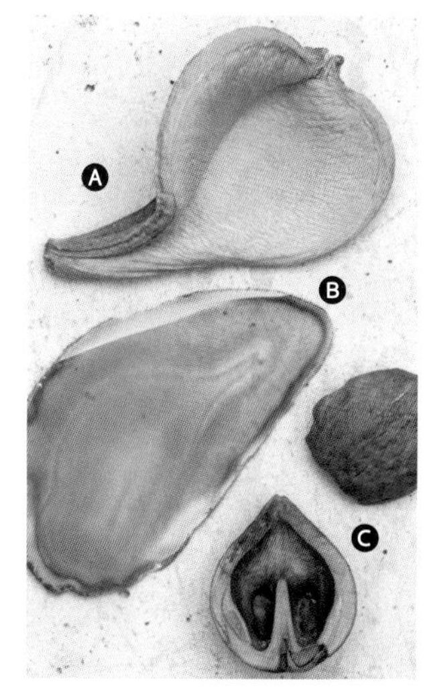

◎ 加入材料

A=心灵之壶（干物）

B=玛瑙

C=胡桃壳

第一章（见第87页）的作品，把多肉植物（京童子）悬吊起来塑造秋季形象。原本化妆砂用的是褐色系的小木块，非常别致。又搭配褐色系的树木果实等，进一步提升形象。稍大的心灵之壶与玛瑙提升了存在感。

从玻璃容器的开口处把手伸进去，稍大的小物件尽量布置在里边，插到土里。开口较小的情况下，可使用一次性筷子或镊子等。

移植到稍大的容器里，然后撒上白色化妆砂，摆上动物的小物件来演绎冬天的景象

作品⑲

Winter

随着植物移植到口径较大的容器里，化妆砂由褐色更换为白色来演绎冬天的景象。然后再加上驼鹿模型、松树果实，塑造圣诞节形象的作品。

◎ **主要材料**

- A=多肉植物（青锁龙属姬绿）
- B=动物模型
- C=八角
- D=日本落叶松松果
- E=浮石（大颗粒）
- F=红玉土（中颗粒）
- G=仙人掌与多肉植物用土
- H=防止根部腐烂的防腐剂
- I=化妆沙（白色）。

◎ **容器尺寸**

直径10.5厘米×高18.5厘米

小贴士

模型非常有意思!

这些模型在十元店就有售卖。
买了好多种，希望能用得恰到好处。

入手了小型人偶与动物、植物、建筑物、昆虫、食物等小物品，一般把它们叫做模型。作为塑造形象用的小物品，若能有效利用这些模型，便能轻松演绎一个瓶碗栽培的小世界。价格也公道，建议从常见的小动物尝试摆放设计。

换容器

植物长大后，容器空间变小，或是要加其他植物需要空间时，可以把他们移植到口径大的玻璃容器中。

挖出植物

根部周围用一次性筷子把土松开。然后把植物根部挖出。如果只拽植物，根部可能会被拉断，这点要注意。挖出的植物，在新容器中依次放入浮石、红玉土、仙人掌与多肉植物所用土，然后移植，接着再加入防止根部腐烂的防腐剂，表面撒上白色化妆沙。之后，布置上喜欢的小物品，便大功告成了。

第八章

通过礼物传达心意

让我们用之前所学的瓶碗栽培的基本知识，以及各种赏味方法，来制作一个用于馈赠的瓶碗栽培作品吧。

先要想好送给谁，

再挑选能让对方留下深刻印象的植物与玻璃容器，

布置上小物品就算完成了。

可爱的仙人掌与颜色漂亮的自然物共存于药瓶中。非常适合女性的可爱布置

作品 ⑳

◎ **主要材料**

A=多肉植物（仙人掌属象牙团扇）
B=萤石
C=山毛榉果皮
D=浮石（大颗粒）
E=红玉土（中颗粒）
F=仙人掌与多肉植物用土
G=防止根部腐烂的防腐剂
H=化妆沙（白色）。

◎ **容器尺寸**

直径7.7厘米×高17厘米

把植物与自然物布置得协调是漂亮的关键。
作礼物时，
山毛榉果皮这样的东西
插到土里比较舒服，
有深度的容器，
要使用长筷子栽植。

植物象牙团扇，别名又叫兔子仙人掌。因其性状似兔子而得此名。此处使用的化妆沙石是用水可固化的沙，所以挪动起来很方便。另外，盖上盖子里边较闷热，所以平时都是开着盖子。

✳ 化妆沙的固化方法见第135页。

作品 21

多面体的精致容器中，空气草与自然物粗犷的放置着。自然朴实风的礼物，适合送给喜欢植物的男子

仅在容器中放入植物与自然物，任何人都能制作赏玩的瓶碗栽培。尽管很简单，但为了便于他人借鉴布置方法，建议把玻璃容器与里边东西分开放，并附上布置的样品照片赠予他人。"点缀空间时，不要盖上盖子"，这个建议也一并写上吧。

◎ **主要材料**

A=空气草（松萝空凤）
B=空气草（哈里斯）
C、D=珊瑚
E=海胆壳
F=贝壳
G=漂流木

◎ **容器尺寸**

14厘米×18厘米×高13厘米

仿造钻石形状的多面体容器。黑色的边框与坚实的造型很适合男士。属于异形容器，因此不用土，直接放入空气草大胆布置，成品就会非常漂亮。

造型布置步骤

1

首先放入看起来最硬实的漂流木做基础。

2

再放入贝壳与珊瑚，使之与漂流木重叠在一起。

3

把轻飘飘的空气草（松萝空凤）揉搓一团，置于漂流木旁边。这种植物据说在原产地是用来做包装材料的。

4

最后在最显眼的中央位置，放上另一株空气草（哈里斯）。使空气草的正面朝外，如此整体会非常协调。

作品㉒

栽植于酒杯中，平易近人的瓶碗栽培作品。通过不同模型作点缀，可以做出不同风格的礼物。

茎部分成两个的千里光属的多肉植物，栽植于容器中央。以后会长成什么样呢？期待它长大一探究竟。

利用身边酒杯制作的简单瓶碗栽培作品。摆好恐龙模型后，在男生生日聚会上，直接摆放在桌子上即可。使用白色化妆沙，搭配可爱风格的模型，也可自由布置以迎合女性爱好。结合植物与小物品加土，此处稍微多放了些土。

图中是用同一多肉植物（一根茎）做的小型瓶碗栽培。即便使用一个空果酱瓶也会很有意思。作为家庭聚会的礼物也很受欢迎。

◎ **主要材料**

Ⓐ=多肉植物（千里光属）
Ⓑ=树木果实（黄花夹竹桃）
Ⓒ、Ⓓ=恐龙模型
Ⓔ=浮石（大颗粒）
Ⓕ=红玉土（中颗粒）
Ⓖ=仙人掌与多肉植物用土
Ⓗ=防止根部腐烂的防腐剂
Ⓘ=化妆沙（褐色）

◎ **容器尺寸**

直径7.4厘米×高22厘米（左页）
直径5.5厘米×高12厘米（右页）

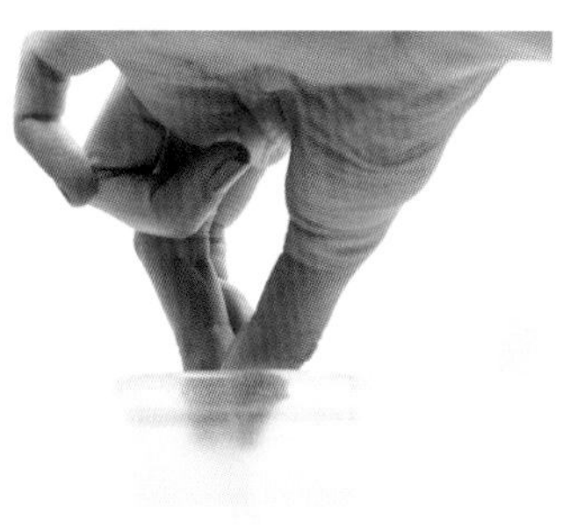

固化天然沙时，全部都完成之后，用细口径水壶，一点点使整体都沾上水。用手指按压，确定天然沙固化后，放入盒子或袋子即可。

挪动时先把天然沙固化

本书中使用的褐色或白色天然沙，属于遇水其成分就会溶解，表面发生固化的类型。不用担心天然沙洒出来，便于挪动。在家里也把表层天然沙固化好，便可放心放在各处。

附录

82款漂亮的水草图鉴

解说 早坂诚

水草 1

血心兰

学名 *Alternanthera reineckii*
科名 苋科
原产地 南美洲
培育难易度 ☆☆
栽植位置 中、后

即便在红色的水草中其颜色也属于稳重色调，且姿态优美，是红色系代表品种。生长缓慢，直立向上生长。很好布置。沉水叶为美丽的红色，与此相对，挺水叶则呈稍泛红的淡绿色。

小贴士

符号及用语解释说明

- 关于培育难易度，☆数目越少越简单，数目越多越难。数目标准如下。
  ☆容易
  ☆☆一般
  ☆☆☆稍难
- 关于栽植位置，栽植时布置建议
  前=适于容器前方
  中=适于容器中央
  后=适于容器后方
  浮游=浮于水面
  着生=附着于石头或漂流木上。

水草 2

红雀血心兰

学名 *Alternanthera reineckii*

科名 苋科

原产地 改良品种

培育难易度 ☆☆

栽植位置 中、后

血心兰改良品种。与原血心兰品种相比节间距更短，叶片更密集，想提高水景密度时推荐此品种。与血心兰同样，叶片较大，适合阔玻璃容器栽植。荷兰式水族瓶中使用频率较高。

水草 3

白榕

学名 *Anubias barteri var. Nana*

科名 天南星科

原产地 西非

培育难易度 ☆

栽植位置 前

大家都非常喜欢的水草。小型植株水草，非常可爱，生长也很缓慢。深绿色调，可着生与石头或木头上，魅力满分。最易栽培品种之一。可先入手一株，卷于石头或木头上，作水草入门练习。

水草 4

巴戈草

学名 *Bacopa caroliniana*

科名 玄参科

原产地 北美

培育难易度 ☆☆

栽植位置 中、后

若要搭配褐色色调沉水叶，推荐此品种。淡绿色挺水叶也较易栽培，因此很适合水族瓶。水草叶从水中抽出，冒出水面的挺水叶形态优美，令人动容。 想要打造粗壮而非纤细景致时使用。

水草 5

假马齿苋

学名 *Bacopa monnieri*

科名 玄参科

原产地 亚洲热带地区、北美南部

培育难易度 ☆

栽植位置 前～后

小型植株，叶子圆润，直立生长的草本植物，像是专为水族瓶而存在。该品种生长缓慢，玻璃容器可以使用很久而不用移植。为了欣赏漂亮的顶芽，当株数繁殖足够时建议修剪，维持之前的状态。荷兰水族瓶必备。

水草 6

日本箦藻

学名 *Blyxa japonica*

科名 水鳖科

原产地 日本、东南亚

培育难易度 ☆☆

栽植位置 前、中

野生，日本水田植物之一。虽为有茎草，但乍一看像根生叶，使用小型植株， 不由得让人联想到开在路边的蒲公英。在水簇瓶布置中频繁使用，人气品种之一。

水草 7

红花穗莼

学名 *Cabomba furcata*

科名 莼菜科

原产地 南美

培育难易度 ☆☆☆

栽植位置 中、后

叶子轮生外扩，颜色深红，非常漂亮的水草品种。水草易入手，在布置水草时，纠结选何种水草时可考虑该品种。对营养成分及水质有要求的水草，长期培育不太好种植，因此可以使用别处剪下来的水草布置。

水草 8

水田碎米荠

学名 *Cardamine lyrata*

科名 十字花科

原产地 日本

培育难易度 ☆

栽植位置 后

纤细茎部上生出的叶子圆润，淡绿色互生。与之相似的水草较少，因此建议栽植多株以打造茂密后景。在玻璃杯等小型容器中栽植时，使用小型叶即可。

水草 9

水蕨

学名 *Ceratopteris thalictroides*

科名 水蕨科

原产地 越南

培育难易度 ☆☆

栽植位置 后

水蕨的日文名字为American Sprite Vietnam（越南产美国雪碧）的音译，名字中甚至包含美国与越南两个国家名，甚是复杂。在蕨类植物中，淡绿色的叶子有利于演绎茂密后景。从原叶子上会发出子株（无性芽），要把它修剪掉再栽植，摇身一变成为热带丛林。

水草 10

大叶水芹（别名水妖、宽叶水蕨）

学名⇝*Ceratopteris cornuta*

科名⇝水蕨科

原产地⇝非洲、东南亚等

培育难易度⇝☆☆

栽植位置⇝后

与水蕨同为水生蕨类植物。栽植进去看起来会较大棵，因此，比起小型水景布置要使用稍大容器，或者栽植其小型子株。无性芽浮起来可作水草用，也有利于水质净化。

水草 11

迷你椒草

学名⇝*Cryptocoryne parva*

科名⇝天南星科

原产地⇝斯里兰卡

培育难易度⇝☆

栽植位置⇝前

数目繁多的天南星科椒草家族中，迷你椒草属于最小型的品种。深绿色叶子及长叶柄是其典型特征，在水缸中心偏左右一点的地方，栽植几株，可成点睛之笔。生长缓慢，但植株健壮。

水草 12

牛顿草

学名⇝*Didiplis diandra*

科名⇝千屈菜科

原产地⇝北美

培育难易度⇝☆☆

栽植位置⇝中、后

玻璃杯微水族瓶适用，最佳五品种之一。叶片可由绿色变为红褐色。密集状态叶片直立，十字对生，用于打造高密度水景。下边叶子容易掉落，多样布置方法活跃于多种场合。

水草 13

皇冠草（亦称亚马逊剑草）

学名⇝*Echinodorus amazonicus*

科名⇝泽泻科

原产地⇝南美

培育难易度⇝☆☆

栽植位置⇝后

根生叶代表水草品种。刚买回时，其挺水叶干枯，同时其沉水叶从根附近生出。单株栽植，不作整体水景的一部分也很好看，赏味其生长过程中的样态变化也别样有趣。底床营养对于其生长不可或缺。

水草 14

绿皇冠

学名⇝*Echinodorus amazonicus*

科名⇝泽泻科

原产地⇝改良品种

培育难易度⇝☆☆

栽植位置⇝前

为皇冠草的改良品种。小型植株，生长缓慢，因此作为前景亮点很能撑门面。叶片质感独特，故有喜有嫌，但水草姿态丰富值得一看。

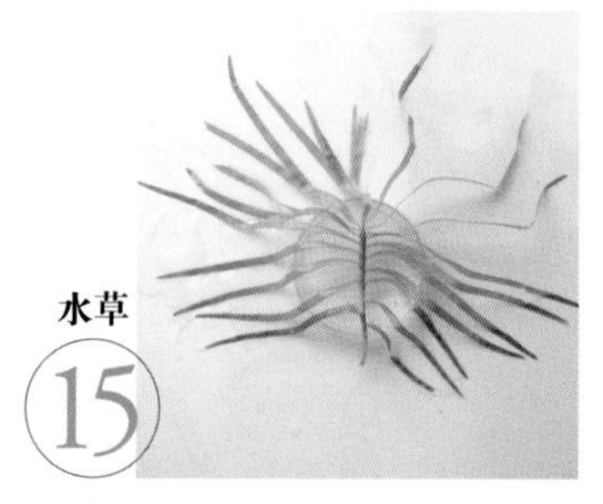

水草 15

艾克草

学名⇝*Eichhornia azurea*

科名⇝雨久花科

原产地⇝南美

培育难易度⇝☆☆

栽植位置⇝后

去亚马孙河做调查时记得看到艾克草的野生地曾为之动容。水缸中实际布置时， 20厘米出头的细长叶子互生展开，演绎大型玻璃杯水景。展开的挺水叶与美丽的花值得一看.

水草 16

南美艾克草

学名⇝*Eichhornia diversifolia*

科名⇝雨久花科

原产地⇝南美

培育难易度⇝☆☆

栽植位置⇝后

在凤眼蓝属中属于小型植株，因此玻璃杯中也能展示其优美身姿。根部扎得较深，因此将底床土壤铺厚是长期维持的关键。整枝时，使其生出侧芽，可制造群生气氛。

水草 17

迷你牛毛毡

学名⇝*Eleocharis acicularis*

科名⇝莎草科

原产地⇝日本、东亚

培育难易度⇝☆

栽植位置⇝前～后

水草布置中不可缺少的一个品种。纤细叶子长大成匍匐根茎，通过匍匐茎在泥中延伸增殖，因此外观像草坪，与其他水草一起混栽营造出天然感。非常好布置。勤加整枝，长度也易调整。

水草 18

针叶皇冠草

学名⇝*Helanthium tenellum*

科名⇝泽泻科

原产地⇝北美、南美

培育难易度⇝☆

栽植位置⇝前～后

10厘米左右的细长形态，叶片变为绿色或褐色是其典型特征。该品种靠地下茎生长，因此在水景中可演绎草木般景致，生长快速，可赏味其随时间推移而变化的姿态。布置方法多样，表现力丰富，好感度很高。

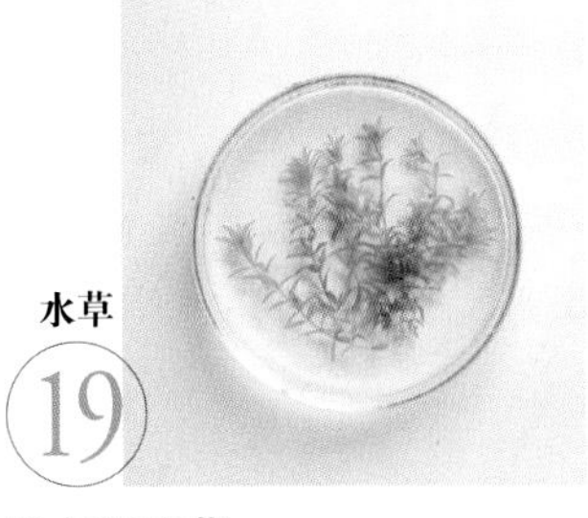

水草

19

日本珍珠草

学名→*Hemianthus micranthemoides*

科名→玄参科

原产地→北美

培育难易度→☆☆

栽植位置→前～后

通过调节光照可变为匍匐状态，适合打造茂密水景。频繁修剪也完全挡不住它的快速生长，因此，从前景到后景可广范围使用。顶芽尺寸较小，非常可爱，随时随地都会被视为宝贝。

水草

20

小竹叶

学名→*Heteranthera zosterifolia*

科名→雨久花科

原产地→南美

培育难易度→☆

栽植位置→前～后

从前景到中景、后景均可使用，不挑位置，非常方便，植株呈淡绿色的清爽色调。生长快速，好好控制其斜向生长，群生栽培可演绎美丽水景。

水草

21

香香草

学名→*Hydrocotyle leucocephala*

科名→五加科

原产地→南美

培育难易度→☆☆

栽植位置→后

为了让其大圆叶舒展开，布置时多栽植于后方或角落。易栽培、生长快。香香草生长需要较多营养成分，因此水中营养要备足，创造良好扎根环境。

三裂天胡荽

学名 *Hydrocotyle* sp.
科名 五加科
原产地 澳大利亚
培育难易度 ☆☆
栽植位置 前～中
鲜艳黄绿色圆叶，叶缘有刻痕。生长快速，向旁边扩散，形态优美。不拘水缸尺寸如何都可布置。株体多部分要依赖水中营养成分，因此，要及时换水并添加液体营养素，帮助消除后景与前景的不协调感。

小狮子草

学名 *Hygrophila polysperma*
科名 爵床科
原产地 东南亚
培育难易度 ☆
栽植位置 中、后
在为数众多的有茎草中，小狮子草也多被推为最易栽植的一种。鲜绿色细长叶子，几乎直立生长。养分吸收也好，今后会把它力推给水族初级玩家。

小狮子草变种

学名 *Hygrophila polysperma*
科名 爵床科
原产地 改良品种
培育难易度 ☆☆
栽植位置 中、后
作为一种品种其完成度非常高，桃色叶子的叶脉处有白色斑点，非常漂亮，加之容易栽植，稳坐人气品种之位。单株或是多株栽植都很漂亮，长期维持其漂亮顶芽是关键。

大柳

学名 *Hygrophila corymbosa*
科名 爵床科
原产地 东南亚
培育难易度 ☆
栽植位置 后
从挺水叶的叶形姿态来看，很难想象到宽叶幅的亮绿色叶子竟这么漂亮，或许还会担心它可否用于水草造景中。直立生长的身姿也是它很好用的理由之一。我们栽上几株作为后景水草，来赏味水草群生之美吧。

小叶大柳

学名 *Hygrophila corymbosa*
科名 爵床科
原产地 东南亚
培育难易度 ☆
栽植位置 后
与原种大柳相比小了一圈，且叶幅更窄。布置时，与原种大柳同样栽植于后方，巧妙利用其美丽叶子，可营造良好氛围的密林感。

水罗兰（又名异叶水蓑衣）

学名 *Hygrophila difformis*
科名 爵床科
原产地 东南亚
培育难易度 ☆
栽植位置 中、后
抽水叶与沉水叶有着惊人差别。不同栽培条件下形态各异，这一点也非常有趣，叶缘深锯齿状增加了美感。使较大叶子斜向生长，亮绿色色调非常醒目，布置于水族瓶中心景致效果很棒。

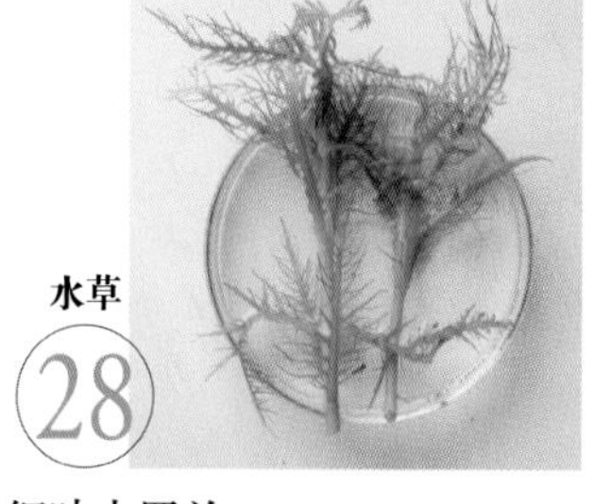

细叶水罗兰

学名 *Hygrophila balsamica*
科名 爵床科
原产地 东南亚
培育难易度 ☆☆
栽植位置 后
与水草㉗一样，挺水叶与沉水叶形状明显不同，尤其沉水叶，纤细柔美。缓慢直立生长，很适合在后景营造密林感。植株长大之后修剪维持即可。

矮柳

学名 *Hygrophila* sp.
科名 爵床科
原产地 南美
培育难易度 ☆☆☆
栽植位置 前
异色的深红色匍匐叶片，在水蓑衣属中也属于较独特的水草。不易栽植，要注意避免光照不足。与牛毛毡等其他水草混栽，可打造自然感水景。

异叶水罗兰

学名 *Hygrophila difformis*
科名 爵床科
原产地 印度
培育难易度 ☆☆
栽植位置 后
与水罗兰挺水叶姿态相似。分类上视作同一品种，但叶形未有深裂，叶缘锯齿状，卵圆形，按惯例称呼即可。栽植于后方，要塑造树木形象时推荐使用。

水草 31

大青叶

学名 *Hygrophila violacaea*

科名 爵床科

原产地 南美

培育难易度 ☆

栽植位置 后

大叶水蓑衣。沉水叶比挺水叶小，直立生长，因此，很适合栽植于后方营造绿色密林。相似形态的水蓑衣中，易栽植的品种很多，新手种植水草时推荐此品种。

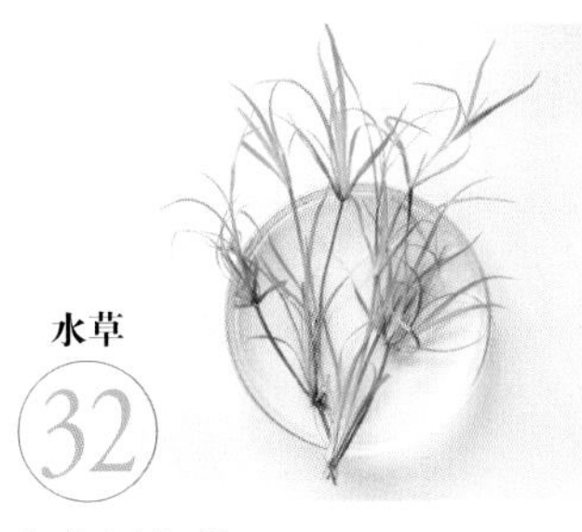

水草 32

赤炎灯芯草

学名 *Juncus repens*

科名 灯心草科

原产地 北美洲

培育难易度 ☆☆

栽植位置 前~后

叶形细长非常漂亮。一株株分开就变为小型株，尤其是玻璃杯水草栽植时被频繁使用。只是扦插细长叶子时容易营养不足而枯萎，要特别注意。叶片颜色也不断变化，可用于各种水草布置中。

水草 33

越南小宝塔

学名 *Limnophila* sp.

科名 车前科

原产地 越南

培育难易度 ☆☆

栽植位置 前~后

小型纤细明亮绿色水草。通过调节光照，可使之匍匐于底床生长。因此，可用于打造前景至中景葱郁茂密水景，虽为较新品种，却一跃成为人气品种而大放异彩。

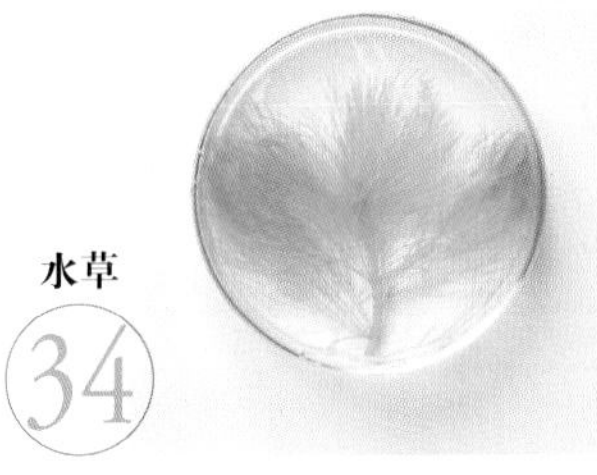

水草 34

大石龙尾

学名 *Limnophila aquatica*

科名 车前科

原产地 印度、斯里兰卡

培育难易度 ☆☆

栽植位置 后

叶片纤弱叶轮，直径在10厘米以上。故而即便只栽植一株，水草灵气也会扑面而来。为使之舒展开来，需准备稍大玻璃杯，它会不负所期，为我们展示她的美丽身姿，让我们为这份美干杯吧。

水草 35

长蒴母草

学名 *Lindernia anagalis*

科名 母草科

原产地 东南亚

培育难易度 ☆

栽植位置 中、后

当我们得意地告诉植物研究者们这种水草散发着薄荷香味，却得到"这一点都不稀奇"的回答。在陆地上觉得理所当然稀松平常的事情，换成水草，就会觉得不可思议，立马喜欢上它。直立生长，明亮色调很好布置。

水草 36

鲜红山梗菜（又名红芭蕉）

学名 *Lobelia cardinalis*

科名 桔梗科

原产地 北美

培育难易度 ☆

栽植位置 前、后

挺水叶与沉水叶有着惊人的差别，让人很难觉得是同一品种。结实的草茎上长着规则的绿色圆叶，布置水族瓶时，一片片修剪调整其叶长，是荷兰式水族瓶中必备品。

水草 37

小红梅（又名小红莓）

学名 *Ludwigia arcuata*

科名 柳叶菜科

原产地 北美

培育难易度 ☆☆☆

栽植位置 中、后

在红色系水草中叶幅最窄的品种之一。因其形态优美且为红色色调，在水族瓶中使用机会很多，非常有人气的水草。水草形态优美纤细，与此同时，也比较敏感纤弱，容易从下部烂掉，需加注意。

水草 38

大红叶

学名 *Ludwigia glandulosa*

科名 柳叶菜科

原产地 北美

培育难易度 ☆☆☆

栽植位置 中、后

水丁香属超红草从国外引进之前，大红叶奠定了最红水草的地位。生长缓慢，适合作水景亮点，栽植难度稍大，推荐尽量高光照量培育。

水草 39

龙卷风叶底红

学名 *Ludwigia inclinata* var. *verticillata*

科名 柳叶菜科

原产地 改良品种

培育难易度 ☆☆☆

栽植位置 后

虽为基本品种古巴叶底红的变种，形态却相去甚远，不禁想尖叫："在两叶对生的水草中'龙卷风'变异不愧是最棒的水草!"。细细的叶子扭曲呈螺旋状，与其用于水景布置，不如单株栽植欣赏。

水草

40

斑状古巴叶底红

学名 *Ludwigia inclinata* var. *verticillata*
科名 柳叶菜科
原产地 改良品种
培育难易度 ☆☆☆
栽植位置 后

为古巴叶底红变种，有斑状花纹。且不论"进化的最尖端"这个词正确与否，能将这种变化玩到什么程度就看个人管理了。这种水草也很不易栽植，鉴于此，我们可以先尝试栽植一株。

水草

41

古巴叶底红

学名 *Ludwigia inclinata* var. *verticillata*
科名 柳叶菜科
原产地 南美
培育难易度 ☆☆
栽植位置 中、后

当初我在位于南美洲中部的世界最大湿地——潘塔纳尔湿地做水草调查时，看到了生长在茶褐色清透水中的古巴叶底红，自那以后，我便成为了它的忠实粉丝。易栽植，水草呈漂亮的橘黄色，使用场合也很多。

水草

42

绿豹纹丁香

学名 *Ludwigia inclinata*
科名 柳叶菜科
原产地 南美
培育难易度 ☆☆
栽植位置 中、后

绿豹纹丁香没有出现豹纹丁香特有的红色。以前绿豹纹丁香属于珍贵品种，现在两种水草都变为一般品种。易栽植，密集栽植会演绎出美丽的葱郁感。飘舞于水面上就深知其叶之美。

水草

43

大红叶

学名 *Ludwigia* sp.
科名 柳叶菜科
原产地 改良品种
培育难易度 ☆
栽植位置 中、后

与水草㊲介绍的小红梅相比叶幅较宽，但易栽植且红色非常漂亮。在水景布置中也很活跃。通过反复修剪也可赏味群生美。

水草

水丁香属超红草

学名 *Ludwigia* sp.

科名 柳叶菜科

原产地 改良品种

培育难易度 ☆☆

栽植位置 中

一种较新引进的水草，其红艳程度与其小圆叶使它一跃成为受欢迎品种。不仅如此，很多时候被玩家指名为我喜欢的水草，我要用的水草。要保持其完美形象，修剪维护是关键。

水草

45

三色水丁香

学名 *Ludwigia* sp.

科名 柳叶菜科

原产地 改良品种

培育难易度 ☆

栽植位置 中、后

与其他相似品种相比，其叶颜色为渐变色。培育条件依然简单，因其斜向生长，密集栽植时，应注意不要挡住其他水草光线。

水草

46

金钱草

学名 *Lysimachia nummularia*

科名 报春花科

原产地 欧洲

培育难易度 ☆☆

栽植位置 前～后

与园艺品种金钱草属同一品种，陆地上利用其叶片横向扩散的特征，作为用于地面覆盖的观叶植物而售卖。水中直立斜向生长。植株健壮，但生长缓慢。

水草

47

金叶过路黄

学名 *Lysimachia nummularia*

科名 报春花科

原产地 改良品种

培育难易度 ☆☆

栽植位置 前～后

与基础品种金钱草同属一个品种，透亮的黄绿色令人印象深刻。培育方法和生长情况与一般品种相同，生长缓慢。可有效利用其他品种不常见的黄色来为荷兰式水族瓶锦上添花。

水草 48

绿松尾

学名 *Mayaca fluviatilis*
科名 苔草科
原产地 北美、南美
培育难易度 ☆
栽植位置 后

在潘塔纳尔大湿地静悄悄地发出花芽，见证它曾经活着，令人沉思迷恋的水草。淡绿色细密叶子着生，草体形态很有特色，现在的水景作品中也经常使用。生长快速，培育时注意要频繁修剪，及时补充营养以防营养不足。

水草 49

大松尾

学名 *Mayaca sellowiana*
科名 苔草科
原产地 南美
培育难易度 ☆☆
栽植位置 后

20年前只有绿松尾为名贵品种，那时候被视为"珍贵水草"，买时一株就得很多钱这种感觉，很令人怀念。购入后草体形态出乎意料的难维持，顶芽多萎缩。保持间隔栽植，并排的草体形态非常优美。

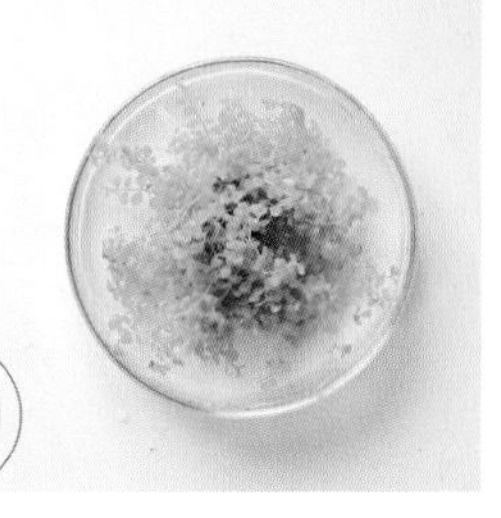

水草 50

新大珍珠（又名趴地矮珍珠）

学名 *Micranthemum* sp.
科名 母草科
原产地 南美
培育难易度 ☆
栽植位置 前

前景水草中的最佳明星。自从几年前做水草品种收集以来，大叶珍珠草一跃成为前景草的主角色。生长快速，植株健壮，即便反复修剪也能够马上长大。如果想把前景打造成绿色草坪的感觉，那可以说大叶珍珠草是最适合的水草了。

水草 51

大叶珍珠草

学名 *Micranthemu umbrosum*
科名 母草科
原产地 北美、中美、南美
培育难易度 ☆☆
栽植位置 中、后

该种水草即便在玻璃杯中也可塑造水景，杯底加土可长久维持。水中直立生长，在反复修剪过程中，若下边叶子枯萎就需移植别处。叶圆形，看起来呈绿色或黄绿色，非常漂亮

水草 52

橘狐尾藻

学名 *Myriophyllum* sp.
科名 小二仙草科
原产地 南美
培育难易度 ☆
栽植位置 后

挺水叶为绿色，因为它不沾水，如果强硬将其沉入水中则会银光闪闪。沉水叶呈漂亮的橘色，生长快速，与其他水草有明显差异，利用价值高。挺水叶与沉水叶的颜色及形态变化非常漂亮。

水草 53

绿狐尾藻

学名 *Myriophyllum elatinoides*
科名 小二仙草科
原产地 南美
培育难易度 ☆
栽植位置 后

将有透明感的深绿色水草添加到水族瓶中，可演绎侘寂静谧感。漂亮的顶芽非常醒目，修剪掉的水草也要栽植进去。光合作用产生的氧气也可肉眼观察到，令人感动。

水草 54

小红叶

学名 *Nesata* sp.
科名 千屈菜科
原产地 美国
培育难易度 ☆☆☆
栽植位置 中、后

鲜红色会给人很强的视觉冲击。叶子尺寸与缓慢的生长速度非常适合水族瓶布置，"不死也不长"说它很贴切，所以长期栽培很容易。即便只是暂时的短期培育，也想把它作为这一段时间的"花"来欣赏。

水草 55

黄金柳（又名非洲红柳）

学名 *Nesaea pedicellata*
科名 千屈菜科
原产地 非洲
培育难易度 ☆☆
栽植位置 后

我最喜欢的水草之No.3。叶子3厘米左右，对生。给人的印象与其说纤细，倒不如说大型，独特的色调是其他品种所没有的。另外，叶子的质感及高贵的形象非常棒。在水景布置时，会给水景增添一份柔美。

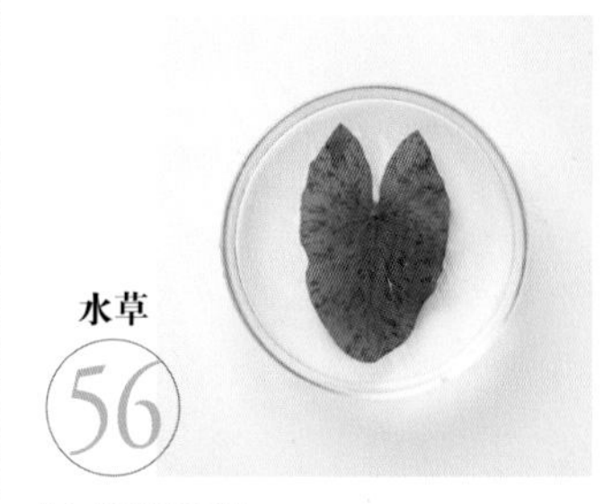

水草 56

红虎斑睡莲

学名 *Nymphaea lotus*
科名 睡莲科
原产地 非洲
培育难易度 ☆
栽植位置 中、后

睡莲品种中适合水族瓶的水草非常多。一株就占用很大空间，因此可减少株数来长期欣赏它的美丽身姿。水族瓶布置时，注意不要挡住其他水草。

水草 57

香蕉草

学名 *Nymphoides aquatica*
科名 莕菜科（又名睡菜科）
原产地 美国
培育难易度 ☆
栽植位置 前、中

地下具香蕉状根茎，因此，外观具有很大视觉冲击。这个香蕉状部分储存着营养成分，大多随着叶子长大展开，香蕉状根茎会变小。将浮水叶剪掉使得沉水叶展开，会给人非常可爱的印象。

水草 59

印度大松尾

学名 *Pogostemon erectus*
科名 唇形科
原产地 东南亚
培育难易度 ☆☆
栽植位置 中、后

介绍的一种较新品种。现在才出这种新水草，令我很吃惊。鲜艳的黄绿色，叶子纤细，轮生，非常漂亮。并且最值得一说的是它易栽培，耐修剪。腋芽展开快。是布置荷兰式水族瓶的理想品种。

水草 60

刺蕊草

学名 *Pogostemon* sp.
科名 唇形科
原产地 东南亚
培育难易度 ☆
栽植位置 后

即便在刺蕊草属植物中，它也属于非常健壮的水草之一。反复修剪也能正常展开腋芽，叶子细长、轮生。栽植于杯中时，要准备稍大的容器，布置也要利用好它的明亮颜色。

水草 61

粉蓼

学名 *Polygonum* sp.
科名 蓼科
原产地 东南亚
培育难易度 ☆☆
栽植位置 后

直立硬茎，叶子泛红色，轮生。草体形态即使在水草中也算是较个性的，单单思考如何使用就非常有趣。培育本身感觉并不难，其根牢固的扎于底床这种状态非常讨人喜欢。

水草 58

水虎尾

学名 *Pogostemon stellatus*
科名 唇形科
原产地 东南亚
培育难易度 ☆☆☆
栽植位置 中、后

我最喜欢的水草之No.1。轮生美、红色、黄色、紫色为基调的保守色彩，栽培难度也绝非容易，仿佛专为水草水族瓶而存在。水族瓶布置时，它属于中心角色，所以需要给予它一定的空间。

水草 62

穿叶眼子菜

学名 *Potamogeton perfoliatus*
科名 眼子菜科
原产地 除南美以外的世界各地
培育难易度 ☆☆
栽植位置 后

眼子菜属植物多为沉水植物，这个穿叶眼子菜也同样为沉水植物。有透明感的通透叶子互生生长。在水族瓶布置中为了展现它美丽的顶芽要好好费一番心思。若能有效使用，会塑造一份静谧的水景作品。

水草 63

尖叶眼子菜

学名 *Potamogeton oxyphyllus*
科名 眼子菜科
原产地 日本
培育难易度 ☆☆
栽植位置 后

叶幅2~5厘米，叶宽10厘米以上，叶片细长、互生。沉稳的叶色很受欢迎，在水族瓶布置时，布置到后方以营造微暗葱郁水景。叶子在水面飘动，自然感扑面而来。

水草 64

鹿角苔

学名 *Riccia fluitans*
科名 钱苔科
原产地 世界各地
培育难易度 ☆☆
栽植位置 前

有很多人都是喜欢鹿角苔而开始玩水草水缸的，我也是其中一员。强制把鹿角苔沉于水中，它就会变得草坪般明亮，不仅如此，在光合作用下产生氧气，氧气气泡在水中与株体相映成趣，非常漂亮。

水草

65

红宫廷

学名 *Rotala* sp.
科名 千屈菜科
原产地 巴西
培育难易度 ☆☆☆
栽植位置 中、后

现在虽然都是被介绍为一般品种，但在不久之前还作为“珍贵水草”而为人所知。要成为一般品种，就要看日本或新加坡水草农场是否量产而定。水草微微泛红，非常漂亮

小贴士

互生：
每茎节上只长一片叶子，交互而生
对生：
每茎节上两片叶相对而生。
轮生：
每茎节上生三叶或三叶以上

水草 66

红蝴蝶

学名 *Rotala macrandra*
科名 千屈菜科
原产地 印度
培育难易度 ☆☆☆
栽植位置 后

红色系水草的代表品种。叶片较大，色调适度不过于深红，很有魅力。有红蝴蝶的生长情况决定了整个水缸的状况这种情况，红蝴蝶满满都是我喜欢水草的回忆。

水草 67

窄叶红蝴蝶

学名 *Rotala macrandra*
科名 千屈菜科
原产地 改良品种
培育难易度 ☆☆☆
栽植位置 后

与水草㊅红蝴蝶一样，美丽身姿依旧不变，其他也有相似水草，但感觉格调真的完全不同，群生于后方，打造漂亮优雅水景。发现好株苗，我会毫不犹豫马上入手。

水草 68

越南百叶

学名 *Rotala* sp.
科名 千屈菜科
原产地 东南亚
培育难易度 ☆
栽植位置 中、后

红色茎部与茶色细叶给人留下很深的印象。耐修剪生长快速。通常不仅用于后景栽植，中间附近栽植也很好。草体美观，栽植容易，我的推荐品种。

水草 69

青蝴蝶

学名 *Rotala macrandra*
科名 千屈菜科
原产地 印度
培育难易度 ☆☆
栽植位置 中、后

红蝴蝶水草大多都富于变化，青蝴蝶也是如此。与基本品种相比，它叶子较小，生长较快,容易栽培。耐修剪，适合水族瓶，在很多水缸中都有它的身影。

粉宫廷

学名 *Rotala rotundifolia*
科名 千屈菜科
原产地 东南亚
培育难易度 ☆
栽植位置 后

若要栽植红色水草，第一个推荐粉宫廷。栽植难易度、生长速度与耐修剪度三个指标表现都很好。群生美感非常值得一看，生长快速，因此，在水景布置中一般都作为后景水草使用。

红宫廷

学名 *Rotala rotundifolia*
科名 千屈菜科
原产地 东南亚
培育难易度 ☆
栽植位置 后

宫廷草因产地不同而有许多变种，多为色彩与生长情况有所不同。红宫廷不仅比粉宫廷颜色更红，叶幅给人感觉也更细长。栽培容易，非常美观的一个品种。

宫廷草

学名 *Rotala rotundifolia*
科名 千屈菜科
原产地 东南亚
培育难易度 ☆
栽植位置 后

开着花的宫廷草带盆购入。又得以重新认识了水草的精彩之处，几乎要惊呼"这竟然是水草啊！"。花观赏一段时间后，直接沉于水中，从花芽顶端观赏沉水叶的生长过程也十分有趣。

水草 73

绿廷草

学名 *Rotala rotundifolia*
科名 千屈菜科
原产地 东南亚
培育难易度 ☆
栽植位置 中、后

在近年来的水草布置中，绿宫廷作为有茎草使用频率最高。鲜绿色细长身姿，生长速度快，修剪后有持久维持性，并且最值得一说的就是它向斜上方生长，这是最厉害的一种技能。也可以使之匍匐于底床生长。

小百叶

学名 *Rotala* sp.
科名 千屈菜科
原产地 台湾
培育难易度 ☆☆
栽植位置 后

从深绿色小型挺水叶变为清爽沉水叶，每天观察下去，这种变化令人欣喜不已。反复修剪顶芽易萎蔫，这点稍让人不满。但在水草布置中它的作用也发挥得很充分，很可靠的一种水草。

红松尾

学名 *Rotala wallichii*
科名 千屈菜科
原产地 东南亚
培育难易度 ☆☆☆
栽植位置 后

学名中的通用名很多，而红松尾这个名字给人印象深刻，且易记忆，因此也提高了其知名度。水草形如其名，可欣赏其群生美。生长快速，需要频繁修剪。顶芽由红转粉提示营养不足。

派斯小水兰

学名 *Sagittaria sublata* var. *pusilla*
科名 千屈菜科
原产地 北美
培育难易度 ☆☆
栽植位置 前~后

波斯小水兰样子可爱，想必一定是小型水草吧，然而它的叶子却是根生，肉厚结识。刚购入时叶长5厘米左右，等根部扎下稳定后，叶长已达15厘米以上，给水景增添自然感。

古精太阳

学名 *Syngonanthus* sp.
科名 谷精草科
原产地 南美
培育难易度 ☆☆☆
栽植位置 中、后

古精太阳可谓是"珍贵水草"收藏潮的推动者。购入当初大家都说它是"最难栽培的品种"，很多水草玩家都尝试栽培。随着土壤一般化及从农场作为一般水草购入，调整水质后栽培也变得没有那么难了。

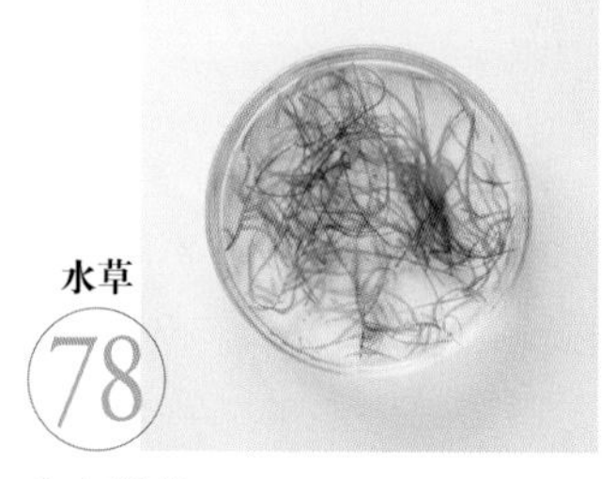

爪哇莫丝

学名 *Taxiphyllum barbieri*
科名 葡苔科
原产地 亚洲温带地区、亚洲热带地区
培育难易度 ☆
栽植位置 着生

着生苔藓类中所谓的"苔"。利用其最大特征"着生于石头或漂流木上的品种"。用线缠绕系于石头或漂流木上，可欣赏随"时间流逝"它的身姿变化。吸收水中营养成分，同时也起到净化水质的作用。

火焰莫丝

学名 *Taxiphyllum* sp.
科名 葡苔科
原产地 亚洲等地区
培育难易度 ☆
栽植位置 着生

形如其名，像火焰一样升腾向上生长，非常特别的一种水草。像是基本没有着生能力一般，常常需要人工固定。生长身姿美观，缠绕于漂流木上，摇身一变成了一株常绿树。

宽叶太阳

学名 *Tonina fluviatilis*
科名 谷精草科
原产地 南美
培育难易度 ☆☆☆
栽植位置 中、后

与古精太阳同样，需要特别处理的一种水草。在亚马逊，古精太阳与宽叶太阳群生景象到处可见，当时我看到这一情景非常兴奋，对此现在仍然很怀念。茎部健壮，从水面挺出来的样子也非常漂亮。

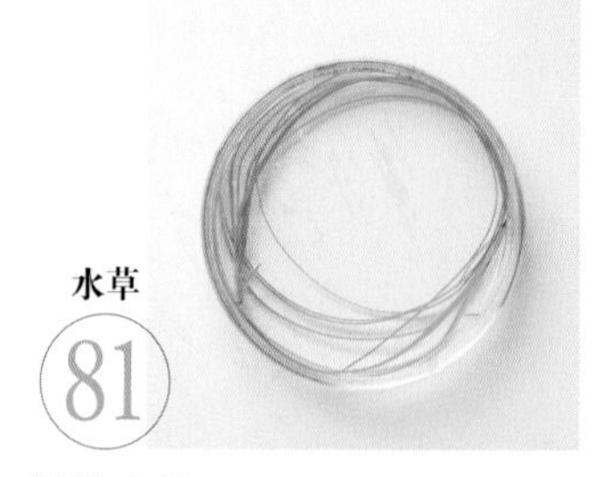

细长水兰

学名 *Vallisneria nana*
科名 水鳖科
原产地 澳大利亚
培育难易度 ☆☆
栽植位置 后

水兰类水草在日本也是野生，如同琵琶湖的扭兰与日本固有品种大苦草等。此品种在它们中间也是叶幅最细的，使用频率很高。叶长超过30厘米，所以要考虑到水草尺寸与布置。需定期调整水草数量。

垂泪莫丝

学名 *Vesicularia ferriei*
科名 葡苔科
原产地 日本
培育难易度 ☆☆
栽植位置 着生

正像它的名字一样，生长形态如泪珠垂落。使其着生于漂流木与石头上，以水珠垂落之感沿着漂流木垂落的姿态着实是大自然本身。与爪哇莫丝比起来，其着生能力稍低，但十分有魅力。

多肉植物与空气草图鉴

初学者也能轻松培育的43个人气品种

解说 ✳ 中山茜

多肉植物 1

黑法师

学名✳*Aeonium* 'Zwartkop'
属名✳莲花掌属
科名✳景天科
原产地✳加那利群岛、地中海西部
培育类型✳冬型

带有鲜艳红紫色的紫黑叶片极具魅力，我要让它的个性颜色在瓶碗栽培中施展出来。到了春天会开出黄色的花。不耐夏季暑热，所以要少浇水，并放于通风处。

小贴士

符号及用语解释说明

✳ 培育类型是指在日本培育时的培育类型。

春秋型=在春季或秋季气候温和时生长，夏季及冬季休眠。

夏型=春夏秋三季生长，冬季休眠。

冬型=秋冬春三季生长，夏季休眠。

多肉植物 2

四角鸾凤玉

学名✳*Astrophytum myriostigma*

属名✳星球属

科名✳仙人掌科

原产地✳墨西哥

培育类型✳夏型

鸾凤玉（一般为五棱）四棱品种。属名是希腊语中的Astron（星星）与phyton（植物）两词的复合词。从上往下俯视呈星形，由于全株被都有白色星状小点，故称为星球属。不耐日晒，故盛夏要避免阳光直射。

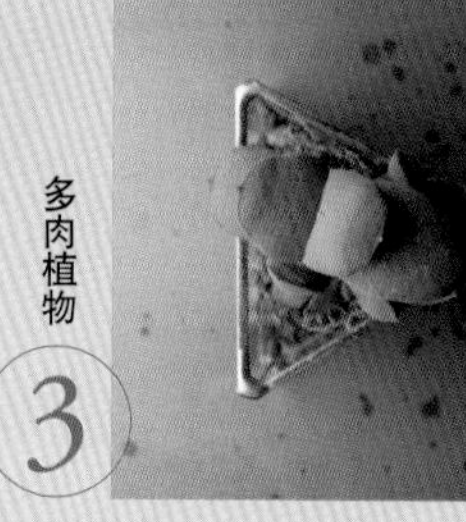

多肉植物 3

卧牛

学名✳*Gasteria glomerata*

属名✳鲨鱼掌属

科名✳阿福花科

原产地✳南美

培育类型✳夏型

在多肉植物中卧牛属于习性较强健的鲨鱼掌属品种。因其状似牛舌而得名。胖乎乎的样子非常可爱。叶片为肉质小型品种，在春夏生长期好好浇水，放在背阴处也会长势良好。

多肉植物 4

小公子

学名✳*Conophytum nelianum*

属名✳ 肉锥花属

科名✳番杏科

原产地✳南非、纳米比亚

培育类型✳冬型

外观像日式短布袜，样子独特，反复蜕皮长大。冬型多肉，秋天到春天为生长期，夏季休眠期要断水，注意避免闷热。放在明亮的背阴处管理即可。初秋叶子变得皱巴巴的，像枯萎一般，为蜕皮现象。

多肉植物 5

神刀

学名✳*Crassula falcata*

属名✳青锁龙属

科名✳景天科

原产地✳非洲南部至东部

培育类型✳夏型

垫子般质感，青色刀状叶子是其特点。两片叶子向两个方向交互长出，并与上边叶片重叠生长。有的会长成大型株，子株从旁生出。叶子会被晒伤，所以夏天要避免强烈的阳光直射。

多肉植物 6

筒叶花月

学名✳*Crassula oblique* ‘Gollum’

属名✳青锁龙属

科名✳景天科

原产地✳非洲南部～东部

培育类型✳夏型

为大家熟悉的“吸财树”变种，因其不可思议的形状，在日本也有“宇宙树”之称。叶子尖端内凹呈筒状，样子非常奇特。茎部木质化生长。需常年放于光照较好的窗边养护。尤其在冬季要置于室内保温。

多肉植物 7

若绿

学名✳*Crassula lycopodioides* var. *pseudolycopodioides*

属名✳青锁龙属

科名✳景天科

原产地✳非洲西南部

培育类型✳夏型

小小叶片紧密相连，重叠成绳状景致很壮观。置于光照、通风好的地方养护。怕闷热，因此当叶子密集混生时，春季修剪把株形整理好即可。同品种也有明黄色的“姬绿”。

多肉植物 8

小米星

学名✳*Crassula cv.* Tom Thumb

属名✳青锁龙属

科名✳景天科

原产地✳非洲南部、东部

培育类型✳夏型

厚厚的三角叶左右对称，十字重叠，看起来像星形。在流通名为“星”的这一系列中它为最小型品种。置于明亮通风处养护，叶与叶之间上下距离拉长，株型松散代表光照不足。最适合塑造明朗清爽的形象。

多肉植物 9

金晃丸

学名✳*Eriocactus leningbausii*

属名✳南国玉属

科名✳仙人掌科

原产地✳巴西、巴拉圭

培育类型✳夏型

金色细软毛刺是其典型特征。夏型，在气温为20~30℃的高温期生长。生长期在土完全干燥后，等7~10天浇水。在湿度较高的梅雨季及寒冬断水即可。

多肉植物 10

英冠玉

学名✳*Eriocactus magnificus*

属名✳南国玉属

科名✳仙人掌科

原产地✳巴拉圭

培育类型✳夏型

白色细刺生于棱上，呈线状排列，非常漂亮。夏天开出黄花。幼时球形，后随植株生长渐变为圆筒形。属于植株强健，栽培容易的品种。置于光照良好、通风的窗边及室内养护，株型美观且能茁壮成长。

红彩阁（又名火麒麟）

学名✳*Euphorbia enopla*
属名✳大戟属
科名✳大戟科
培育类型✳夏型
原产地✳南非
样子像仙人掌，并有红刺，但并非仙人掌科。春季开黄色花。夏型喜光，光照充足其刺会变为鲜艳的红色。植株健壮易栽培，但其创口处流出的汁液若沾到手上会引起皮肤发炎红肿，要特别注意。

白桦麒麟

学名✳*Euphorbia mammillaris* 'Variegata'
属名✳大戟属
科名✳大戟科
原产地✳南非
培育类型✳夏型
特色沟状纹白表皮，秋季至冬季会变为淡紫色。夏型喜光，植株健壮易栽培。上部附有刺状物为花茎，头顶部生有粉色花。创口处流出的汁液沾到手上会引起皮肤发炎红肿。

无刺王冠龙

学名✳*Ferocactus glaucescens* f. 'Nuda'
属名✳强刺球属
科名✳仙人掌科
原产地✳墨西哥
培育类型✳夏型
王冠龙原本有刺，呈黄绿色，在强刺球属中普及率较高。无刺王冠龙为王冠龙变种，无刺，样子可爱很受欢迎。夏型喜光，需置于明亮通风处管理。

姬胧月

学名✳*Graptosedum* 'Bronze'
属名✳风车草属
科名✳景天科
原产地✳墨西哥
培育类型✳春秋型
该品种叶形较美，呈莲座状，让人联想起玫瑰花，红褐色叶子为其典型特征。茎部逐次直立群生。夏型喜光，叶与叶之间上下距离拉长，株型松散代表光照不足。生长旺盛，叶扦插或芽扦插均可，易于增株。

圣王丸

学名✳ *Gymnocalycium buenekeri*
属名✳裸萼球属
科名✳仙人掌科
原产地✳巴西南部
培育类型✳夏型
日语名字是penta acantha的音译，意思是五个（penta）突起（acantha），一般为五棱，也有四棱的。中国流通名为圣王丸，别称有圣王球、圣王。与普通仙人掌比起来不喜强光日晒，因此要避免长时间阳光直射，春季开粉花。

圆头玉露

学名✳*Haworthia cooperi* var. *pilifera*
属名✳瓦苇属（软叶类）
科名✳阿福花科
原产地✳南非
培育类型✳春秋型
叶顶端短叶片挨得紧密，半透明部分称为"窗"，可吸收光线，很受欢迎的小型品种。不喜强光，因此要避免强光直射。如果短叶松散瘦长则代表光照不足。

十二卷

学名✳*Haworthia fasciata*
属名✳十二卷属（硬叶系）
科名✳独尾草科
原产地✳南非
培育类型✳春秋型
"十二卷"有许多类型，其中与软叶系不同，没有窗的硬叶是十二卷的代表品种。叶片外侧白色条纹尖状叶片呈放射状。不喜强光暴晒，光照太强，叶尖端会变为褐色进而枯萎，需注意。

学名✳*Haworthia viscosa*
属名✳十二卷属
科名✳阿福花科
原产地✳南非
培育类型✳春秋型
硬叶系十二卷，多肉质三角形叶，像塔一样向上生长。不喜强光暴晒，半背阴也可生长，但光照不足时，叶与叶之间上下距离拉长，株型松散，需注意。想打造锐敏犀利形象时推荐。

蛾角

学名✳*Huernia brevirostris*
属名✳剑龙角属
科名✳夹竹桃科
原产地✳非洲
培育类型✳夏型
凹凸不平的肥满茎部，向四方旋钮生长。在光照较少的地方也可生长，但根部容易腐烂，浇水后要置于通风良好的环境中养护。比较醒目，瓶碗栽培时可用来塑造具有视觉冲击力的作品。

福来玉

学名✳*Lithops julii* ssp. *Fulleri*
属名✳生石花属
科名✳番杏科
原产地✳南非、纳米比亚
培育类型✳冬型
也称为“活宝石”，是一种独特的玉型，顶部有像裂纹一样的窗面。冬型，秋季到冬季为生长期，夏季为休眠期需断水。常年需在干燥环境下管理。还有红色“红福来玉”及茶色“茶福来玉”等。

魔云

学名✳*Melocactus matanzanus*
属名✳花座球属
科名✳仙人掌科
原产地✳中美洲、古巴
培育类型✳夏型
球形花座仙人掌的一种，到开花年龄时，顶部生出由刺与线毛覆盖的“花座”，从中开出橘色花，属于较奇特的仙人掌。置于光照好的场所管理，注意防止干燥。

龙神木

学名✳*Myrtillocactus geometrizans*
属名✳龙神柱属
科名✳仙人掌科
原产地✳墨西哥
培育类型✳夏型
柱状仙人掌，淡色调的青绿表皮是其典型特征。瓶碗栽培中与矿物及贝壳等自然物很好搭配。春季至秋季为生长期，置于光照好、通风佳的环境中管理。一天最低3小时光照，如此颜色及形状都会生得很好。

象牙团扇（中文为白毛掌，亦称白桃扇）

学名✳ *Opuntia microdasys* var.*albispina*
属名✳ 仙人掌属
科名✳仙人掌科
原产地✳墨西哥
培育类型✳夏型
别名又叫兔子仙人掌。长成兔子形状的可爱品种。因其扁平团扇状茎部，故又称“团扇仙人掌”。繁殖能力非常旺盛，茎端发出很多新芽。细刺较多，容易扎人，需注意。

紫弦月

学名✳*Othonna capensis*
属名✳ 千里光属
科名✳菊科
原产地✳美国
培育类型✳冬型
淡紫色茎部长出叶子下垂而生，开黄花。秋冬生长期若光照充足叶子红化会变为紫红色。当叶子变皱没有弹性代表需浇水。瓶碗栽培中植于悬挂容器中比较美观。

白云阁

学名✳*Pachycereus marginatus*
属名✳块根柱属
科名✳仙人掌科
原产地✳墨西哥
培育类型✳夏型
刺短、棱线呈白色是其典型特征。耐干燥植株，健壮，大型植株，在原产地地植，作为花木篱笆使用。最低气温需要在10℃以上，请置于光照好的温暖地方管理。喜高温不耐低温多湿。

雷神阁

学名✳*Polaskia chichipe*
属名✳雷神阁属
科名✳仙人掌科
原产地✳墨西哥
培育类型✳夏型
柱状仙人掌，表皮像扑了白粉一般（根据生长情况又会变为条纹状），上边被覆褐色刺。颜色从褐色变为黑褐色，最后变为白色。冬季若光照充足会发出花芽，春季开花。植株健壮，但若光照不足，则会植株松散。

巴车利丝苇

学名✳*Rhypsalis burchellii*
属名✳丝苇属
科名✳仙人掌科
原产地✳巴西
培育类型✳夏型
被称为森林性仙人掌，着生于树木或岩石上的品种。节节相连下垂生长。不耐强光。易于室内管理。叶片喜湿，所以要喷雾使叶部挂水。细棒状茎部，似垂柳般风情万种。

蓝月亮（亦称美空鉾）

学名✳*Senecio antandroi*
属名✳千里光属
科名✳菊科
原产地✳西南非洲，马达加斯加
培育类型✳春秋型
青绿色细叶分枝生长，小型植株，生长繁茂，身姿可爱。浇水过多会造成叶子松散整体不协调，耐寒暑，易栽培。如果叶片细瘦状是缺水征兆。春季至夏季移栽。

多肉植物

29

翡翠珠

学名＊*Senecio rowleyanus*

属名＊千里光属

科名＊菊科

原产地＊西南非洲

培育类型＊春秋型

细长球状叶下垂生长，推荐悬吊栽培欣赏。据说为使叶中蓄水，叶片进化成圆润状。盛夏需避免阳光直射，半背阴处管理。春秋型，植株健壮，夏冬两季也生长。亦有被覆白花纹的花斑品种。

此处介绍的空气草均为铁兰属凤梨科植物。

空气草 1

贝可利

学名✳*Tillandsia brachycaulos*
原产地✳中南美
培育类型✳夏型
叶片类型✳绿叶系

绿叶有光泽，喜湿润，要留意观察叶子状态，喷雾浇水。特别是觉得没有弹性时，容器中装满，水喷两分钟之后，轻轻晃动植株使多余水洒落，置于通风处。叶子向内部卷曲代表水分不足。

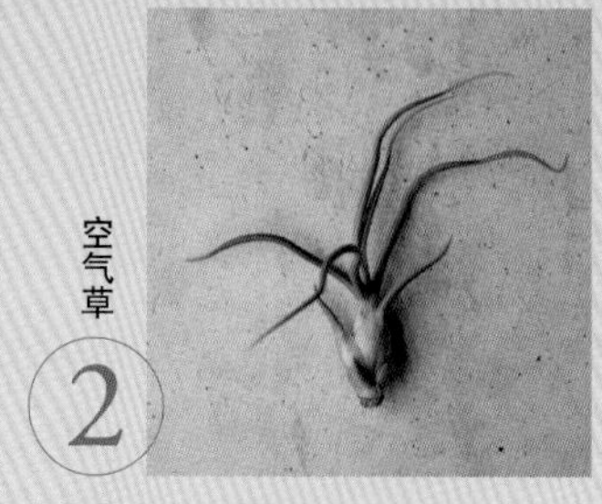

空气草 2

小蝴蝶（亦称鳞茎铁兰）

学名✳*Tillandsia bulbosa*
原产地✳墨西哥
培育类型✳夏型
叶片类型✳绿叶系

因其形状似球根（bulb）故得此学名，从壶状根部发出弯曲叶子，形态非常有个性，让人很难认为它是株植物。从小型株到大型株均有，变种很多。鲜红色花苞中开出紫色花。绿叶品种不耐干旱，为保植株美观要给予多湿环境。

空气草 3

虎斑

学名✳*Tillandsia butzii*
原产地✳墨西哥、巴拿马
培育类型✳夏型
叶片类型✳绿叶系

壶状根部，表面被覆斑纹，弯曲的长叶子是其典型特征。该品种特别喜湿，注意纤细叶端要保持多湿，避免干燥。为防夏季高温闷热，浇水后不要马上移入容器，充分吹风后，放入玻璃容器即可。

空气草 4

卡比塔塔

学名✳*Tillandsia capitata*
原产地✳墨西哥、中美洲
培育类型✳夏型
叶片类型✳银叶系

该品种有黄色、红色、桃色等多种颜色。这个是稍带橙色的亮色叶，开花时颜色稍微带点红，更加鲜艳漂亮。叶子向内部卷曲代表水分不足。

空气草 5

美杜莎（亦称女王头）

学名✳*Tillandsia caput-medusae*
原产地✳中南美、墨西哥
培育类型✳夏型
叶片类型✳银叶系

Caput是"头"，medusae是古希腊神话中的蛇发女妖，意思即"美杜莎"的头。壶形，叶子弯曲生长。叶表面被覆白色纤细毛状体，耐干旱，植株健壮，易栽培。

空气草 6

费西古拉塔

学名✳*Tillandsia fasciculata*
原产地✳美国、哥斯达黎加
培育类型✳夏型
叶片类型✳银叶系

单看照片无法想象，随着植株生长叶子呈放射状展开。银叶系，叶子表面被覆毛状体。植株健壮，易栽培，直径约50厘米的大型植株，因此也被大家认为是大型植株的入门品种。但生长较缓慢。

空气草 7

白毛毛

学名✳*Tillandsia Fuchsii* v.*Gracilis*
原产地✳墨西哥、中美
培育类型✳夏型
叶片类型✳银叶系

壶形部分隐约有条状花纹。针一般细的叶子弯曲密集，四处展开，形态独特，非常有趣。容易栽植。但夏季不耐闷热，另外干旱时纤细叶尖会变为褐色枯萎，需注意。

空气草 8

哈里斯

学名✳*Tillandsia harrisii*
原产地✳危地马拉
培育类型✳夏型
叶片类型✳银叶系

白银叶稍显肉厚，是漂亮银叶系的代表品种。白银色叶子单看外表就很有价值。一般流通较广，植株健壮易栽培，向初级玩家推荐。螺旋状展开的叶片纤细易折断，需小心。

空气草 9

棉花糖

学名✳*Tillandsia*'Cotton Candy'
原产地✳园艺品种
培育类型✳夏型
叶片类型✳银叶系

斯垂科特（Tillandsia stricta）与红花白银（Tillandsia recurvifolia）的杂交品种。鲜艳的银色毛状体，深粉色花非常好看。易栽培，易长出子株。透过室内窗帘的光线下培育最好。

酷比

学名✳*Tillandsia kolbii*
原产地✳墨西哥、中美洲
培育类型✳夏型
叶片类型✳银叶系

叶子朝一个方向卷曲是其典型特征，很受欢迎的品种。在瓶碗栽培中，推荐巧用其卷曲形态放入圆形玻璃容器中赏味。耐干燥易栽培，开花期叶尖变红。

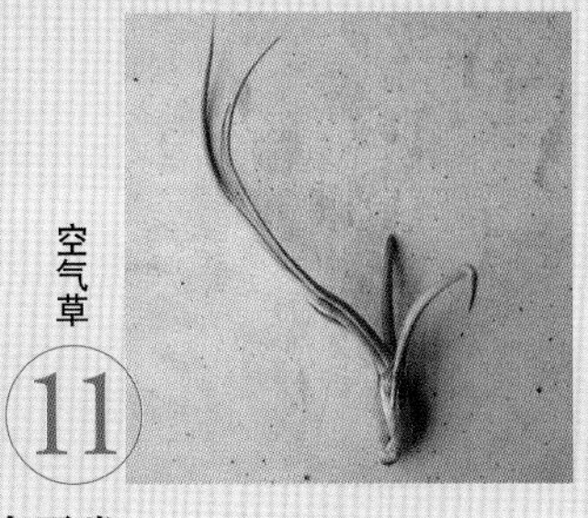

大天堂

学名✳*Tillandsia pseudobaileyi*
原产地✳中南美、墨西哥
培育类型✳夏型
叶片类型✳绿叶系

与贝利艺（baileyi）品种相似，故其名字前加上"假的"（pseudo）一词，名字意为"假的贝利艺"（*pseudobaileyi*）。也叫"伪贝利艺"。硬叶系，筒状，被覆筋膜花纹。生长极为缓慢，缺水干燥时壶形根部会起皱。

小贴士

符号及用语解释说明

✳叶类型非指生态学上的叶片颜色
银叶系=毛状体（被覆于叶片上的绒毛）密集，呈银色。
绿叶系=毛状体较少故不显眼，呈绿色。

鸡毛掸子

学名✳*Tillandsia tectorum*
原产地✳厄瓜多尔、秘鲁
培育类型✳夏型
叶片类型✳银叶系

叶片形态优美，外扩呈放射状，表面被覆长长的毛状体。外观看起来轻飘松软，姿态可爱。置于向阳通风处管理。耐干旱，不喜过度浇水，因此，要避免浸水（或短时间浸水）。

三色花

学名✳*Tillandsia tricolor*
原产地✳墨西哥、哥斯达黎加哥斯达黎加加
培育类型✳夏型
叶片类型✳绿叶系

植株健壮，硬叶系空凤。在开花期，红花苞、绿叶、紫花，三种颜色点缀其间。植株本身有生态学上的蓄水泵机制，若置于室内光线较暗处，植株本身的蓄水状态会持续，造成芯部腐烂，需注意。

松萝凤梨

学名✳*Tillandsia usneoides*
原产地✳美国南部、南美洲
培育类型✳夏型
叶片类型✳银叶系

叶子细长柔软，以前也做打包材料用。不喜干燥，因此，冬季也要勤于浇水。有细叶及粗叶各种品种流通。放于玻璃容器中悬吊起来尤为漂亮。

图书在版编目（CIP）数据

学做家庭植物微景观 / (日) 早坂诚，(日) 中山茜著；李玲译. — 北京：中国农业出版社，2019.9
（美植 · 美家）
ISBN 978-7-109-25297-4

Ⅰ. ①学… Ⅱ. ①早… ②中… ③李… Ⅲ. ①园林植物－景观设计 Ⅳ. ①TU986.2

中国版本图书馆CIP数据核字（2019）第042899号

合同登记号：图字01-2018-1207号

学做家庭植物微景观
XUEZUO JIATING ZHIWU WEIJINGGUAN

中国农业出版社出版
地址：北京市朝阳区麦子店街18号楼
邮编：100125
责任编辑：程　燕　　版式设计：水长流文化
责任校对：刘飏雨
印刷：中农印务有限公司
版次：2019年9月第1版
印次：2019年9月北京第1次印刷
发行：新华书店北京发行所发行
开本：787mm × 1092mm　1/16
印张：9.75
字数：220千字
定价：58.00元